乡村振兴

农民培训精品系列教材

种养加实用技术汇编

谢奋慧　高　莉　蔡　涛◎主编

中国农业科学技术出版社

图书在版编目(CIP)数据

种养加实用技术汇编 / 谢奋慧，高莉，蔡涛主编 . --北京：中国农业科学技术出版社，2024. 4

ISBN 978-7-5116-6760-1

Ⅰ. ①种…　Ⅱ. ①谢…②高…③蔡…　Ⅲ. ①农业技术-汇编 Ⅳ. ①S

中国国家版本馆 CIP 数据核字(2024)第 072263 号

责任编辑　陶　莲
责任校对　王　彦
责任印制　姜义伟　王思文

出 版 者　中国农业科学技术出版社
北京市中关村南大街 12 号　　邮编：100081
电　　话　(010) 82109705 (编辑室)　(010) 82106624 (发行部)
(010) 82109709 (读者服务部)
网　　址　https://castp.caas.cn
经 销 者　各地新华书店
印 刷 者　北京富泰印刷有限责任公司
开　　本　145 mm×210 mm　1/32
印　　张　3
字　　数　89 千字
版　　次　2024 年 4 月第 1 版　2024 年 4 月第 1 次印刷
定　　价　39. 80 元

《种养加实用技术汇编》编写人员

主　编　谢奋慧　高　莉　蔡　涛

副主编　刘　莹　蔺欣艳　毕海燕　高丽亭
马依努尔·艾买尔　张　跃
哈尔教·莫加西　加帕尔·哈斯木
杨建军　李　陈　阿依古丽·达吾提江
方海晶　李伟奇　马忠强　杨　智
冯远科　崔文华　耿青云　吴效屹
陈　菲　翟咏梅　刘鹏辉　徐瑜滨
陈培和

编　委　阿娜尔古力·艾山　哈力扎提·苏力坦
穆开热姆·如苏力　董庆国
罗　鹏　马建奎　侯永刚　王　强
热依汗·吐尔汗白　古丽沙热·吾甫尔

前　言

在广袤的新疆大地上，农业与畜牧业的发展源远流长，为这片土地带来了无尽的生机与活力。本汇编旨在集结众多实用的种养加技术，为广大农民和畜牧业者提供一份宝贵的参考资料，以推动新疆农业与畜牧业的持续健康发展。

首先，我们聚焦于肉牛养殖技术。新疆以其得天独厚的自然条件和丰富的饲草资源，成为肉牛养殖的理想之地。我们详细介绍了肉牛的品种选择、饲养管理、疾病防治等方面的实用技术，帮助养殖户提高肉牛的生长速度和肉质品质，实现经济效益和社会效益的双赢。

南疆牛作为新疆地区的特色品种，其养殖技术也备受关注。我们针对南疆牛的生长习性、饲养特点等方面，提供了一系列实用的养殖建议和技术指导，帮助养殖户更好地发挥南疆牛的生产潜力，推动南疆牛养殖业的繁荣发展。

羊养殖技术在新疆同样具有重要地位。我们介绍了绵羊和山羊等不同品种的养殖技术，包括圈舍建设、饲料配制、繁殖管理等方面的内容，为养殖户提供全面的技术支持，促进羊养殖业的健康发展。

鸡养殖技术作为家禽业的重要组成部分，在新疆也得到了广泛应用。我们详细介绍了鸡的品种选择、饲养管理、疫病防控等方面的实用技术，帮助养殖户提高养鸡效益，满足市场需求。

此外，新疆农业新技术也是本汇编的重要内容之一。我们针对新疆的气候特点和土壤条件，介绍了节水灌溉技术、精准农业技术、设施农业技术、生物技术和机械化技术等方面的内容，为农民提供科学的种植指导，提高农作物产量和品质。

最后，我们还介绍了新疆农业资源及其种植技术。新疆拥有丰富的农业资源，包括土地、水源、气候等自然条件，以及多样的农作物和畜牧品种。我们分析了这些资源的优势和特点，并提出了相应的种植技术建议，以充分利用这些资源，促进农业生产的可持续发展。

本汇编力求将理论与实践相结合，既注重技术的先进性和实用性，又考虑到新疆地区的实际情况和农民的需求。我们相信，通过广大农民和畜牧业者的共同努力，结合本汇编所提供的实用技术，新疆的农业与畜牧业将迎来更加美好的明天。

在编写过程中，我们得到了众多专家学者的支持和指导，同时也参考了大量文献资料和实践经验。在此，我们向所有为本汇编付出辛勤劳动的人们表示衷心的感谢。

最后，我们期待本汇编能为新疆的农业与畜牧业发展贡献一份力量，为广大农民和畜牧业者带来实实在在的帮助和收益。让我们携手共进，共同书写新疆农业与畜牧业的新篇章！

编　者

2024 年 4 月

目　录 CONTENT

第1章 肉牛养殖技术

1.1 肉牛生产及消化特点

1.1.1 肉牛生产特点

（1）饲料转化效率低

①平均饲料转化效率大约是猪的1/3，是蛋鸡和肉鸡的1/6。

②肉牛生产是耗粮而不是节粮的畜牧业。一般情况下，增重精料比为：架子牛屠宰1∶2，短期育肥1∶4，高档肉牛1∶7。

（2）土地资源占用量大

①世界上肉牛产业发展较好的国家往往是土地资源比较丰富的国家。

②世界上多数国家的肉牛产业依赖草地资源，有“无草不养牛”之说。

③肉牛养殖先进国家在育肥期使用大量精料。

（3）生产畜产品优质

①肉牛产业是以增加肉类供给为目的的行业。

②因品质的不同，牛肉的价格差别很大。

③牛肉的消费量和质量受到经济发展水平的制约。

1.1.2 肉牛消化系统

①消化道：消化道以及与消化道有关的附属器官称为消化系统。附属消化器官有唾液腺、肝脏、胰腺、胃腺和肠腺。由口腔到肛门的一条长的食物通道称为消化道。消化道起于口腔，经咽、食管、胃、小肠（包括十二指肠、空肠和回肠）、大肠（包括盲肠、结肠和直肠），止于肛门。

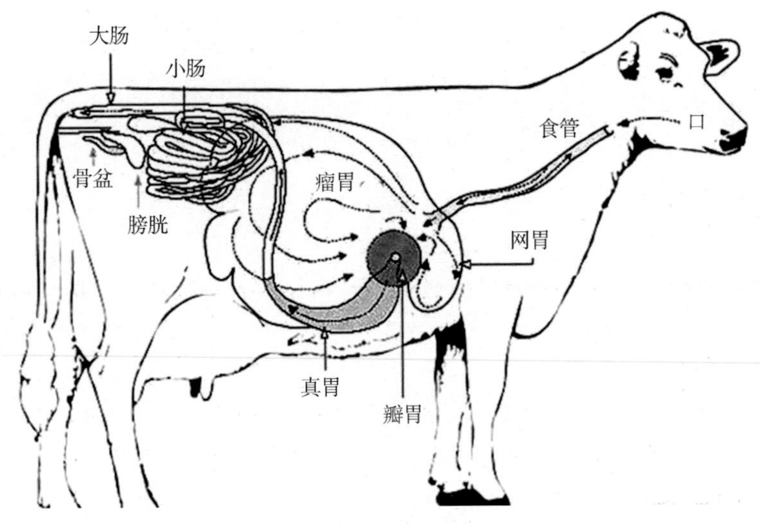

牛消化系统图

②食管沟：牛消化道有一食管沟，起于贲门止于瓣胃，由两片肌肉褶构成。当肌肉褶关闭时，形成管沟，可使饲料直接由食道进入真胃，避开瘤胃发酵。食管沟是犊牛吮奶时把奶直接送入皱胃的通道。这种功能随犊牛年龄的增长而减退，到成年时只留下一道痕迹，闭合不全。如果犊牛咽奶过快，食管沟闭合不全，牛奶就可能进入瘤胃，由于瘤胃此阶段消化功能不全，极易导致消化系统疾病。

③消化过程：消化的过程可分为机械消化、微生物消化和生物化学消化 3 种形式。主要的机械消化在口腔进行，消化道的其他部位多属肌肉型结构，有助于蠕动以推进食物和搅拌食糜。微生物消化和发酵过程主要在瘤胃和网胃中进行，少量在大肠中进行。生物化学消化在胃和肠道不同部位所分泌的消化酶的帮助下进行。

1.1.3 牛胃的结构

牛有 4 个胃室，即瘤胃、网胃、瓣胃和皱胃。前 3 个胃无腺体分布，可视为食管扩大部，主要起储存食物和发酵、分解粗纤维的作用，通常称为前胃。皱胃黏膜内分布有消化腺，机能同一般单胃，所以又称真胃。4个胃室的容积和功能随牛的年龄变化而变化。

初生犊牛的前两胃很小，只有皱胃的一半左右，而且结构很不完善，瘤胃黏膜乳头短小而软，微生物区系还未建立，此时瘤胃还没有消化作用，乳汁的消化靠皱胃和小肠。随年龄增长，犊牛开始采食部分饲料，瘤胃和网胃迅速发育，而皱胃生长较慢。正常情况下，3月龄瘤胃和网胃容积比初生增加10倍，是皱胃的2倍；6月龄瘤胃和网胃是皱胃容积的4倍；成年牛可达皱胃的7~10倍。瘤胃黏膜乳头逐渐增长变硬，并建立较完善的微生物区系，3~6月龄犊牛已能较好地消化植物饲料。

瘤胃有以下几个特点：

①容积大：成年肉牛胃的容积为100~190升，其中瘤胃的容积最大，通常占据整个腹腔的左半部分，为4个胃总容积的78%~85%，是暂时储存饲料的场所。

②不能分泌消化液：瘤胃不能分泌消化液，但胃壁的纵行肌环能强有力地收缩和松弛，进行节律性蠕动，以搅拌食物。

③含有角质化乳头：瘤胃黏膜表面无数密集的角质化乳头，有利于增加食糜与胃壁的接触面积和揉磨。

④含有大量的微生物：瘤胃内存在大量的微生物，对食物分解和营养物质合成起着重要作用，瘤胃可以消化粗纤维，分解蛋白质、糖、淀粉和脂肪，合成氨基酸、蛋白质、维生素K和B族维生素。

1.1.4 瘤胃的消化特点

瘤胃功能的正常发挥，取决于给瘤胃微生物提供的营养物质和瘤胃的内环境。

瘤胃微生物需要不断从日粮中获得营养物质，包括能量、氮源、无机盐和生长因子。充足的氮源能保证瘤胃微生物的最大生长。

日粮类型与瘤胃微生物的种类和发酵类型关系密切。当组成日粮的饲料改变时，瘤胃微生物的种类和数量以及发酵特性也随之改变，如由粗料型突然转变为精料型，乳酸发酵菌不能很快活跃起来将乳酸转为丙酸，乳酸就会积累，乳酸通过瘤胃进入血液，可导致酸中毒。因此饲草饲料的变更要逐步过渡。

1.1.5　瘤胃的作用

①运动作用：在瘤胃的运动作用下，食糜与唾液能够充分混合，维持瘤胃内酸碱平衡；而后将食糜向后推送入网胃继续进行消化和吸收。

②消化作用：通过发酵，使纤维物质分解为可被利用的挥发性脂肪酸（VFA，包括乙酸、丙酸、丁酸等）。粗饲料50%~80%，精饲料65%~85%在瘤胃中被消化，40%~85%的干物质和大部分粗脂肪也在瘤胃中消化。

③吸收作用：瘤胃上皮细胞具有较强的吸收功能，瘤胃内的消化代谢产物（如VAF、氨、氨基酸、无机盐类、可溶性糖类等）除一部分随食糜被排送至后段消化道吸收外，其余经瘤胃上皮吸收入血液，再经血液循环送至机体各部，满足机体营养需要。

④合成作用：瘤胃微生物可利用饲料中原有的氮源或分解所得的非蛋白氮合成营养价值较高的微生物蛋白质。此外，还可以合成各种B族维生素和维生素K，也可合成乳酸等物质。

1.1.6　蛋白质在瘤胃的发酵消化

牛能同时利用饲料蛋白质和非蛋白氮（NPN）。

进入瘤胃的蛋白质约60%被微生物降解，生成肽和游离氨基酸，氨基酸再经过脱氨基作用产生挥发性脂肪酸、二氧化碳、氨及其他产物，微生物同时又利用这些分解产物合成微生物蛋白质。少量的氨基酸可直接被瘤胃壁吸收，供机体利用。一部分氨通过瘤胃壁进入血液，在肝脏合成尿素，或随尿排出体外，或进入唾液再返回到瘤胃重新被利用（这一过程称瘤胃氮素循环）。肽是合成微生物蛋白质的重要底物，合成效率高于氨基酸。

牛能够利用尿素等非蛋白氮是因为瘤胃细菌可将尿素和碳水化合物合成细菌蛋白，然后在真胃和小肠被机体消化吸收。其过程如下：

尿素$\xrightarrow{\text{细菌脲酶}}$氨（$NH_3$）+二氧化碳（$CO_2$）

碳水化合物$\xrightarrow{\text{细菌酶}}$挥发性脂肪酸+酮酸（碳链）

氨+酮酸 $\xrightarrow{\text{细菌酶}}$ 氨基酸

氨基酸 $\xrightarrow{\text{细菌酶}}$ 细菌蛋白

细菌蛋白 $\xrightarrow{\text{真胃、小肠消化酶}}$ 游离氨基酸

游离氨基酸 $\xrightarrow{\text{小肠吸收}}$ 牛的体组织

瘤胃微生物利用非蛋白氮的形式主要是氨。氨的利用效率直接与氨的释放速度和氨的浓度有关。当瘤胃中氨过多，来不及被微生物全部利用时，一部分氨通过瘤胃上皮由血液送入肝脏合成尿素，其中大部分经尿排出，造成浪费，当血氨浓度达到1毫克/100毫升时，便出现中毒现象。因此，在生产中应设法降低氨的释放速度，以提高非蛋白氮的利用效率。

1.1.7　网胃的结构与消化特点

网胃在4个胃中容积最小，成年牛的网胃约占4个胃总容积的5%。网胃上端有瘤网口与瘤胃背囊相通，瘤网中下方有网瓣孔与瓣胃相通。网胃壁黏膜形成许多网格状皱褶，形似蜂巢，并布满角质化乳头，因此又称蜂巢胃。

网胃的功能：将随饲料吃进的重物（如铁丝、铁钉等）储藏起来（注意！由于网胃紧挨心脏，网胃的运动可能使铁丝、铁钉刺破网胃对心脏造成伤害，甚至引起急性死亡）；与瘤胃共同参与饲料的发酵；网胃的运动可将食糜由网胃移送至瓣胃；网胃的收缩对维持反刍和逆呕具有重要作用；同时网胃也是挥发性脂肪酸、氨等消化代谢产物的重要吸收部位。

1.1.8　瓣胃的结构与消化特点

瓣胃呈球形，坚实，位于右季肋部、网胃与瘤胃交界处的右侧。成年牛瓣胃占4个胃的7%～8%。瓣胃的上端经网瓣口与网胃相通，下端有瓣皱口与皱胃相通。瓣胃黏膜形成许多叶片，从纵剖面上看，很像一叠“百叶”，所以俗称“百叶肚”。

瓣胃的作用：可对食糜进一步研磨和筛滤，并吸收有机酸、无机

盐和水分，使进入真胃的食糜更细，含水量降低，利于消化。

1.1.9 皱胃的结构与消化特点

皱胃位于右季肋部和剑状软骨部，与腹腔底部紧贴。

皱胃前端粗大，称胃底，与瓣胃相连；后端狭窄，称幽门部，与十二指肠相接。

皱胃黏膜形成12~14片螺旋形大皱褶。围绕瓣皱口的黏膜区为贲门腺区；近十二指肠黏膜区为幽门腺区；中部黏膜区为胃底腺区。

皱胃的作用：皱胃能够分泌各种消化酶和盐酸，其功能与单胃动物相似，主要参与蛋白质、脂肪和碳水化合物的消化作用。皱胃上皮具有较强的吸收功能，在瘤胃内合成的微生物蛋白质即在这里被消化分解。

1.1.10 小肠的消化吸收

小肠肠壁有许多指状小突起和绒毛，可以增加消化吸收面积。小肠是蛋白质的主要吸收部位，来自饲料的未降解蛋白质和菌体蛋白均在小肠消化吸收。

小肠前端是十二指肠，胆汁经胆管、胰液经胰腺管均可排入十二指肠内。从皱胃进入十二指肠的食糜由于残留胃液而酸度很高，当食糜经过十二指肠后，其高酸性被碱性胆汁中和。

胰液中含有解朊酶、胰蛋白酶元、胰凝乳蛋白酶元和羧肽酶，这些酶在肠内活化后可使蛋白质水解变为肽和氨基酸。胰液中还有能使脂肪分解为脂肪酸和甘油的胰脂肪酶和可将淀粉和糊精水解为麦芽糖的胰淀粉酶。

胆汁在肠内能活化胰脂酶，促进脂肪的乳化作用，有利于消化和促进脂肪酸的吸收。

肠液的分泌和大部分的消化反应都在小肠的上端进行，而消化后的尾产物的吸收则在小肠的下端进行。

由蛋白质消化而来的氨基酸和由碳水化合物消化而来的葡萄糖直接被吸收进入血液。

脂肪的吸收比较完全，脂肪酸和其他类脂与胆盐结合，使之易于溶解，这些结合物形成胶粒渗透入肠黏膜而进入淋巴系统。淋巴管与静脉系统相通，前端通过胸导管进入心脏，而脂肪酸在肠黏膜与甘油重新结合而形成中性脂肪，用作热能来源或储存在脂肪组织中。

1.1.11 大肠的消化吸收

由小肠进入大肠处向外伸出的一小段肠管称盲肠，盲肠肌肉的旋转运动使盲肠有规律地充满和排空，使食糜进行往返运动，作为一个二次发酵室靠细菌和纤毛虫的作用继续进行着纤维素的发酵和蛋白质的分解，产生低级脂肪酸和二氧化碳、甲烷、氮、氢等，并合成 B 族维生素、维生素 K 等。低级脂肪酸和水分由大肠吸收进入血液，气体则大部分通过肛门排出。一切不能消化的饲料残渣、消化道的排泄物、微生物发酵腐败产物以及大部分有毒物质等，在大肠内形成粪便，经直肠由肛门排出体外。

1.1.12 肉牛的采食特点

1.1.12.1 反刍

肉牛的胃容量大，消化道长，4 个胃容量平均为 193 升；其中瘤胃容量占 80%。消化道长度平均为 56 米。

由于肉牛的胃容量大，消化道长，加之反刍，所以采食量大、采食速度快，但吃下的食物需 2~7 天才能完成一次消化过程。因此，每昼夜喂饲以 2~3 次为宜，但每次应喂足，日喂 3 次需 5~6 小时。肉牛在饲后 30~60 分钟开始反刍，每昼夜反刍 6~8 次，每次 40~50 分钟，需 5~7 小时。

肉牛因反刍，采食快、匆忙不细致，常吞下铁钉、玻璃片等尖锐的东西，造成胃和心包膜的创伤，也容易误食有毒的东西，所以草料在喂前一定要筛干净，精料应碾碎压扁。

喂肉牛时应让其一口气吃饱，中间不间断。否则间断时间一长，即使没有吃饱，牛只要开始反刍就会停止采食。

肉牛采食还有一个独特现象，体积大的饲料在瘤胃停留时间长，采食就少；体积小的饲料在瘤胃停留时间短，采食就多。因此，粗硬的饲料必须加工调制，提高适口性，以增加采食量。

肉牛采食快，不经细嚼即将饲料咽下，采食完以后，再进行反刍。给成年肉牛喂整粒谷物时，大部分未经嚼碎而被咽下沉入胃底，未经反刍便进入瓣胃和真胃，造成过料，即整粒饲料未被消化，随粪便排出。未经切碎的块根、块茎类饲料，常发生卡在食道部的现象，引起肠道梗阻。因此喂肉牛的饲料应当适当加工，如粗料切短、精料破碎、块根类切碎等，另外要清除饲料中的异物。

肉牛无上门齿，不能采食过矮的牧草，故在早春季节，牧草生长高度未超过 5 厘米时不宜放牧，此时肉牛难以吃饱，并因跑青而大量消耗体力。

当肉牛吃完草料后或卧地休息时，人们会看到牛嘴不停地咀嚼成食团，重新吞咽下去，每次需 1~2 分钟。反刍能使大量饲草变细、变软，较快地通过瘤胃到后面的消化道中去，这样使肉牛能采食更多的草料。肉牛的反刍活动是否正常是肉牛健康与否的重要标志，所以平时应注意观察，以及时发现异常情况。

1.1.12.2 嗳气

由于食物在消化道内发酵、分解，产生大量的二氧化碳、甲烷等气体。这些气体会随时排出体外，这就是嗳气。嗳气也是肉牛的正常消化生理活动，一旦失常，就会导致一系列消化功能障碍。

1.2 发展肉牛生产的注意事项

1.2.1 品种选择

根据养殖模式选择肉牛品种。以混合料饲喂为主，可选择杂交牛、专门化肉牛、地方优良黄牛品种。以草料饲喂为主，则应选择水牛品种。

规模饲养，应选择杂交牛、专门化肉牛、地方优良黄牛品种。

1.2.2 选牛注意事项

肉牛种质要好，最好是选择杂交牛，要求生长发育良好，健康无病，体温正常，水牛37~38.5℃，黄牛37.5~39.5℃，鼻镜湿润，双眼明亮，双耳灵活，被毛光亮，皮肤富有弹性，结膜浅红，神态自然，行动快捷，食欲旺盛，反应正常，口大岔深，腹圆充实，粪便不干不稀，尿色微黄，无体表寄生虫。

购买日龄相近的牛，以体重较大的为好，不在疫区购牛。

1.2.3 犊牛运输注意事项

①购牛季节选择：肉牛运输最佳季节为春、秋两季，此期运输牛出现应激反应比其他季节少。夏季运输时，白天应在运输车厢上安上遮阳网，减少阳光直接照射。冬季运牛要在车厢周围用帆布挡风防寒冷。

②运输方式选择：货车运输，肉牛尽可能在较短的时间内完成运输，尽快到达目的地，尽可能减少肉牛应激反应。火车运输，需装卸多次才能到达目的地，肉牛出现应激反应较大，肉牛出现异常情况无法及时处理。

③运输车型要求：使用高护栏敞篷车，护栏高度应不低于1.8米。车身长度根据运输肉牛头数和体重选择适合的车型。同时还要在车厢靠近车头顶部分用粗的木棒或钢管捆扎一个约1平方米的架子，将饲喂的干草堆放在上面。

④装牛前：肉牛上车前，在车厢地板上放置干草或草垫20~30厘米，并铺垫均匀。肉牛连续三四天吃睡都在车厢里，牛粪尿较多，车厢地板湿滑，垫草能有效防止汽车紧急刹车时肉牛向前滑动。

肉牛装车应准备胶桶或铁桶2个。另外还要准备1根长10米左右软水管，便于停车时给牛饮水。备足草料和饮水。肉牛在长途运输中，每头牛每天喂干草5千克左右、饮水1~2次，每次10升左右。将干草放在车厢的头顶部，用雨布或塑料布遮盖，防止路途中雨水浸湿发霉变质。备足在饮水中需适量添加的电解多维或葡萄糖。办好检疫证明、车辆消毒证明，并随身携带。

⑤运输途中注意事项：刚开始运输的时候应控制车速，让牛有一个适应的过程，行驶途中车速不能超过每小时80千米，急转弯和停车均要先减速，避免紧急刹车。长途运输过程中押运人每行驶2~5小

时要停车检查1次。

运输途中发现牛患病，或因路面不平、急刹车造成肉牛滑倒关节扭伤或关节脱位，尤其是发现有卧地牛时，不能对牛只粗暴地抽打、惊吓，应用木棒或钢管将卧地牛隔开，避免其他牛只踩踏。要采取简单方法治疗，主要以抗菌、解热、镇痛的治疗方针为主，针对病情用药饮水最好是温水，水中添加电解多维。

1.2.4 到达终点时应采取的措施

①卸牛和健康检查：将牛安全地从车上卸下来，赶到隔离观察牛舍中进行健康检查。挑出病牛、弱牛，隔离饲养，做好记录。加强治疗，尽快恢复患病牛的体能。

②防暴食暴饮：牛经过长时间的运输，路途中没有饲喂充足的草料和饮水，牛突然之间看到草料和水就易暴饮暴食，所以要控制草料和饮水，一般要让牛休息1~2小时后饮第一次水，容量5~10升，再休息一段时间再投喂草料，但只吃半成饱。新购进的牛前几天只能投喂优质易消化的草料。

③隔离观察：隔离观察饲养过渡期不得少于20天，只有确定肉牛健康无病或检疫正常后方可转入大群。

1.2.5 减少运输应急，尽快恢复牛体健康的措施

头两天饮水添加电解多维、荆防败毒散、复方阿司匹林（20片）。电解多维可连续使用一周。饲料中可配制英美尔防应急预混料（1：10，成本增加0.2元/千克）。

增强前胃运动机能和调整胃肠道机能，辅以对症治疗。

①增强前胃运动机能措施：用盐酸毛果芸香碱0.15克或新斯的明0.04克皮下注射；槟榔末30~40克或酒石酸锑钾4~8克内服，每日一次，但不得超过3天；口服或静脉注射葡萄糖生理盐水2 000~4 000毫升。

②调整胃肠道机能措施：给予健胃药如苦味酊50~100毫升、大黄酊40~80毫升、姜酊20~50毫升、橙皮酊30~60毫升、大蒜酊40~100毫升；碳酸氢钠30~100克或人工盐（硫酸钠44%、碳酸钠

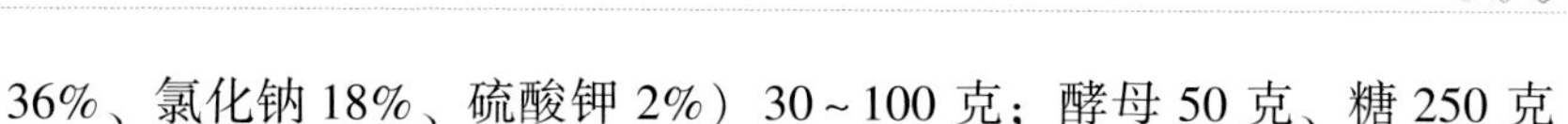

36%、氯化钠18%、硫酸钾2%）30~100克；酵母50克、糖250克或牛乳1 000~2 500毫升，每日一次，连服3~5天。

③感冒个体：肌内注射复方氨基比林，口服荆防败毒散。

④运输造成的机械性关节炎或肌肉痛：肌内注射跛痛消，口服复方阿司匹林（20~50片）。

1.3 肉牛饲养管理技术

1.3.1 饲料

①青绿饲料：包括青刈作物、人工牧草、野生牧草、树叶等。主要特点：适口性好，粗蛋白质生物学价值高，能满足肉牛生长发育大部分营养需求。

②粗饲料：包括作物秸秆、茎叶、干草等，主要特点：适口性差，但对胃肠道有一定的刺激作用，能保证肉牛进行正常反刍，有效预防肉牛胃肠道疾病。对其加工处理后进行饲喂，能显著提高饲养效果。

③能量饲料：包括禾本科粮食籽粒、块根、块茎、酿造业副产物等，主要为肉牛提供能量需求，一般用于催肥阶段。

酿造业副产物如酒糟是廉价的能量饲料，应提倡大量使用，但酒糟中含有酒精、醋酸等，如一次用量过大，易造成肉牛中毒，一般用量为占日采食干物质的35%左右；如单独饲喂最大极限为小牛20~25千克，中、大牛35~40千克（指鲜重），注意不能长期喂单一的酒糟。为预防酸中毒，可以在酒糟中加0. 5%的生石灰或0. 5%~1. 5%的小苏打。肉牛不宜用粮食籽粒直接投喂，应加工制成混合精料。但牛喜吃粗不吃细，故粉碎时宜用粗筛。

④蛋白饲料：包括豆类、豆饼类、油枯类、动物性饲料、饲用酵母等。一般情况下，油枯日采食量以不超过1千克为宜。

牛是反刍动物，合成体蛋白的蛋白源主要是瘤胃菌体蛋白，故对蛋白饲料品质要求不太高；但对周岁内的牛宜搭配一定数量的优质蛋白饲料，以增加过瘤胃蛋白数量。

尿素是一种廉价的非蛋白氮源，合理使用可降低饲养成本增加养殖效益。但使用时必须注意：4 月龄内的犊牛不能喂尿素，每头每天喂量 60~100 克，最多不超过 120 克，开始少给勤添，逐渐增量，至少有一周的适应期；添加尿素的日粮要有一定量的易消化的碳水化合物，一般认为每 100 克尿素至少应搭配 1 千克易消化的碳水化合物；饲料蛋白质水平以 10%~12%为宜；不能兑水喂，只能拌精料干喂；喂后 2 小时内不能喂水；当饲料中有生豆饼、苜蓿等含脲酶多的饲料时不宜喂尿素。

⑤矿物质及维生素类：可用猪添加剂预混料代替，此外还必须添加食盐、氯化钴、氯化钾。

1.3.2 肉牛的一般管理要点

①购种前的准备：对圈舍环境进行清扫消毒，准备优质牧草和混合精料。

②进圈前的处理：对四蹄冲洗，对全身进行消毒。补栏牛只在未合群前应进行 20 天左右的隔离观察饲养，在观察期间进行驱虫和牛体消毒。

③提供充足饲草，保证营养供给和饮水。

采食量：建议周岁前按牛体重的 3.0%~3.2%投给，周岁后按牛体重的 2.3%~2.8%投给，体重越轻计算比例越大，反之，则越少。

合理搭配青料、粗料、精料比例：建议按 1∶1∶1 的营养总量比例进行搭配。

科学配制混合精料（参考配方如下，以百分比计）：

a. 犊牛（6 月龄内）：玉米 48、豆饼 14、菜籽饼 5、麸皮 29、磷酸氢钙 2.5、食盐 1.5；b. 育成牛（14 月龄内）：玉米 20、豆饼 4、菜籽饼 15、麸皮 14、酒糟 45、磷酸氢钙 1、食盐 1；c. 催肥阶段（14 月龄以上）：玉米 31.5、菜籽饼 12、小麦 10、米糠 10、酒糟粉 35、磷酸氢钙 1、食盐 0.5。

注意：长期饲喂酒糟，一定要补充钾元素，另外，最好同时补充钴元素，或添加猪用微量元素预混料。

④适量运动：除最后 2~3 个月的短期催肥阶段限制牛运动外，其

余时间要保证有一定的运动量。

⑤细心观察：主要观察内容：a. 反刍：一般在采食结束后半小时左右开始，正常情况下牛每天有10~15个反刍周期，每个反刍周期约半小时左右；b. 采食：在自由采食情况下，牛全天采食时间6~8小时，要求食欲旺盛；c. 精神状况：要求神态自然；d. 粪便：要求不干不稀，尿微黄。

⑥保持圈舍和牛体表卫生：每天上午、下午各打扫一次卫生，清除粪便及污物，每月对牛舍消毒一次。

注意：不同消毒药要交替使用，消毒药尽量不要撒在草料上。牛体要经常刷拭，以促进血液循环并预防体表寄生虫的滋生。

⑦驱虫：每年春、秋两季对牛群分别驱一次体内寄生虫。驱虫药可用左旋咪唑、阿维菌素等。用法见说明书。

⑧中草药投喂：定期投喂促进瘤胃兴奋的中草药。如槟榔末、大蒜、老姜、青皮、陈皮等。

⑨免疫接种：按当地畜牧部门的要求做好免疫接种工作。

1.3.3 提高日增重的措施

①合理使用秸秆：资料表明：100千克氨化秸秆的营养相当于100千克普通秸秆与20~25千克混合精料的总和；据试验：在相同饲料水平下，饲喂氨化秸秆的肉牛日增重较不喂氨化秸秆而用尿素拌料的日粮提高34%左右。氨化秸秆制作方法是：

建池：用砖、石结构、长宽深自定。

切碎：用机器将秸秆打碎或铡短。

以秸秆重量的5%称取尿素或15%称取碳铵，按100千克秸秆加53千克左右的水溶解尿素或碳铵，待用。

装池：每装一层秸秆撒一次尿素或碳铵溶液，压紧，每层15~20厘米，依此类推，直至将池装满并超出池口30厘米为止。

封池：用塑料薄膜密闭，四周用泥填压；夏季一个月左右，冬季2个月左右即能氨化完全。

喂料时应有一周时间的过渡期。

②使用增重剂：在牛耳根部埋植36毫克玉米赤霉醇，平均日增

重提高27%，在每吨饲中添加10~100克杆菌肽锌或90~110克莫能菌素钠也能显著提高日增重。

③每天增加一次投料时间。

④保证充足饮水。

⑤设计牛生长周期最好以越一个冬季就能出栏为好。

1.4 牛疫病的预防措施

1.4.1 预防措施

不买病牛，保持圈舍环境卫生，保持良好的生活环境，冬暖夏凉、空气流通，新购进牛要做好引种检疫、隔离观察，隔离观察一个月，健康者经驱虫、消毒、补打疫苗后，才能混群饲养。

1.4.2 科学饲养

精饲料、青绿饲料、粗饲料合理搭配，不喂发霉、变质饲料。

做好免疫接种和定期消毒，建立定期消毒制度。

春夏：3天一次；秋冬：7天一次；有病流行期：每天一次。

进场消毒：饲养场大门口、每栋牛舍出入口都应有消毒池。消毒液为2%~4%烧碱，1%的菌毒敌或10%的克辽林溶液。每周更换消毒液至少2次。饲养场大门口的消毒池决不能只做摆设。

舍内消毒：一是粪便的清扫工作；二是用消毒液消毒。

消毒液的用量：舍内每平方米面积使用1升消毒液，种类有10%漂白粉溶液、10%~20%石灰乳、0.5%~1%的菌毒敌（农乐、农福）、0.5%~1.0%的二氯异氰尿酸钠（强力消毒灵、灭菌净、抗毒威等）。消毒药液定期交替使用。

污染环境及土壤的消毒：使用4%福尔马林溶液、10%漂白粉溶液或4%氢氧化钠溶液进行消毒。

粪便消毒：最实用的方法为生物发酵法、污水消毒、污水处理池、每吨污水加2~5千克的漂白粉。

免疫：制定合理免疫程序，做好免疫接种工作。

1.4.3 免疫预防

①制定适合本场的免疫程序：及时准确的诊断，勇于淘汰病弱牛羊只，是尽快控制羊病、减少经济损失的重要措施。规模化牛羊场具有专职兽医，国家级示范场具有执业兽医是牛羊场长期存在并获得效益的基本保障。

②驱虫、无害化处理：一般每年春、秋两季各驱虫一次。

伊维菌素、阿维菌素、阿苯达唑都具有高效、低毒、广谱的优点，对常见线虫、绦虫、蠕虫均有效，可同时驱除混合感染的多种寄生虫，是较理想的驱虫药物，做好病死动物无害化处理工作。

1.5 高品质玉米青贮制作和使用

青贮是草食家畜的主粮，伴随着牛羊的一生。青贮做好了，健康、高产就可以得到保障，青贮做不好，会产生巨大的负面作用，使牧场承受巨大的损失。

1.5.1 青贮的常见问题

①青贮收割期过早：乳熟期收获，含水量较高，干物质含量低，使得生产性能降低，进而造成牧场收购成本加大，给牧场带来双重损失（水分超过75%以上）。

②切割长度太长：切割长度大部分在3~5厘米（最好是1.5~2.5厘米），工人在收割的时候为提高收割机工作效率，节省油料等，人为调整收割机的切片数量和降低转速，这样做的结果就是导致青贮压制不实，氧气含量高，后期空气在青贮自压的作用下，导致上层20~50厘米的青贮腐败变质。

如果青贮高度2.5米上层腐败50厘米，相当于20%的青贮不能用。

③压实：在压制过程中敷衍了事，特别对于青贮窖头等不好压的地方存在压制不实的情况，使青贮腐败变质。

④密封：密封不好，特别是在边角，接缝粘贴处可能存在漏风情

况，导致空气的侵入。

⑤管理：防鼠措施不到位，存在老鼠打洞的情况，空气进入，造成青贮料局部变质。

⑥取料：取料后未能正确处理切面，二次发酵严重，对羊牛的消化、繁殖系统造成危害。

⑦变质的青贮喂羊牛存在两种问题：一是健康方面问题，影响发情（母畜乱发情、卵巢静止、流产，公畜睾丸发育不了等）；二是经济方面的问题。

1.5.2 青贮原理

青贮原理是无氧条件和快速形成的酸性环境。

①无氧条件：良好的压实、密封等管理措施。

②快速形成的酸性环境：添加乳酸菌可快速降低 pH 值。

良好的管理+添加乳酸菌快速产酸=高品质青贮饲料

据研究显示，添加乳酸菌的青贮 8 天 pH 值达到 4. 6，没加添加乳酸菌的 45 天 pH 值达到 4. 6。

③乳酸的作用：缩短发酵时间，抑制不良微生物（霉菌）的繁殖、提高有氧稳定性，对牛羊肠道健康有益，影响家畜生产性能，提高牛羊的采食量、体增重及乳产量。

④全株青贮玉米理想的营养成分：

淀粉≥32%，干物质≥30%~35%，这两个指标最为重要。

青贮玉米秸秆发酵，草料放入青贮池

菌液喷洒：激活的菌液均匀喷洒在秸秆上，保持秸秆含水量为 60%~65%

1.6 犊牛的护理

犊牛一般是指出生到6月龄的牛，在此期间犊牛经历了从母体子宫环境到体外自然环境，由靠母乳生存到靠采食植物性为主的饲料生存，由不反刍到反刍的巨大生理环境的转变。同时，犊牛各器官系统尚未发育完善，抵抗力低，易患病，所以这阶段的饲养管理在牛的生长发育中非常重要，加强犊牛阶段的科学饲养管理是日后得到优秀及高产母牛的保证。

犊牛

1.6.1 断脐带

一般情况下，犊牛的脐带会自然扯断。如果未扯断时，用消毒剪刀在距腹部6~8厘米处剪断脐带，用5%的碘酊立即消毒。另外，剥去犊牛软蹄。

断脐带

1.6.2 清除黏膜

刚产下的犊牛，要赶紧用毛巾将口鼻部的黏液擦干（让母牛舔犊牛身上的羊水），便于呼吸。如果犊牛出生后不能马上呼吸，可握住犊牛的后肢将犊牛吊挂并拍打胸部，使犊牛快速吐出黏液。

消除黏膜

1.7 犊牛的饲养管理

母牛分娩后 5 天内所产的乳称为初乳，研究结果表明：初乳内含非常特殊的生物成分，对新生犊牛生长不可缺少，任何营养物品都代替不了初乳的作用。

哺喂初乳

初乳

1.7.1　初乳的作用

①初乳营养丰富、黏稠度高，能代替肠壁上黏膜的作用。它能阻止细菌侵入血液，提高对病原微生物的抵抗力。

②初乳养分容易消化。

③初乳属于弱酸，可使胃内环境变成酸性，抑制有害微生物的繁殖。

④初乳可以促使犊牛分泌大量胃消化酶，便于胃肠功能尽早形成。

⑤初乳含有丰富的免疫特异性抗体，它能启动新机体的免疫器官形成免疫。同时，能抑制和杀灭病原菌。

1.7.2　常乳期犊牛的饲养管理

初乳期结束到断奶的一段时间称为常乳期。这一阶段是犊牛体膘及消化系统发育最快的时期，尤以前胃的发育最快，此阶段的饲养是由真胃消化转化为复胃消化、由饲喂奶品向饲喂草料过渡的一个重要时期，同时也是培育优秀奶牛的最关键时刻。研究结果表明，一般喂奶期定为90天最好。如果延迟喂奶时间，不仅对消化器官发育不利，而且会加大管理成本，往往导致奶牛产后产量不高。所以应当缩短哺乳期和减少哺乳量。喂奶方案采用前期喂足奶量，后期少喂奶，多喂精粗饲料。

1.7.3 选定适合犊牛的饲草料

选定适合犊牛的饲草料是提高犊牛成活率的关键，同时也是犊牛健康成长的主要因素。对犊牛来说最适合的饲草料是苜蓿干草。

苜蓿干草

犊牛饲喂

1.7.4 断奶后的饲养管理

断奶之后开始加大饲草料饲喂量。一般饲喂犊牛以蛋白质之类的饲草料为主，如豆类。主要配方：玉米青贮 30%～50%，看实际情况加大含量，精料配方为玉米 40%～50%、胡麻饼 5%～10%、豆类 10%～20%、麸皮 10%～15%、其他 5%～10%、食盐 1%。

1.7.5 按时断奶的重要性

①按时断奶可促进犊牛的健康成长和长膘。

②按时断奶可促进母牛产后恢复（子宫的恢复正常）和发情。

③按时断奶可提高牛奶的应用价值。

1.8 母牛的饲养管理

饲喂母牛以粗饲料为主，均衡营养。即以青贮类饲料为主，是因为玉米青贮的纤维粗，营养丰富（蛋白质和脂肪含量高），是养牛的最适合饲料。做饲料时干草料（稻草、麦草）、玉米青贮和精料均匀搅拌。配方：玉米青贮1.5~2.5千克、青贮饲料5~8千克、干物质2~4千克即可。应注意的是离产犊一个月要开始减少青贮饲喂，避免乳房水肿或者下垂。

1.8.1 母牛饲养管理过程中的注意事项及解决措施

母牛的饲养环境应该保持清洁和舒适。母牛是敏感的动物，对饲养环境的要求较高。饲养场所应该定期清理，保持干净，并确保充足的通风和空气流通。此外，饲养场所的温度和湿度也需要适宜，以确保母牛在舒适的环境中生活。

母牛的饲料供给要合理。在饲养管理中，需要合理安排饲料的供应量和种类。饲料的提供要定时定量，并保证饲料的质量。此外，还需要注意饲料的储存和保存，以防止饲料变质和发霉，影响母牛的健康。

另外，母牛的饮水也是饲养管理中需要注意的一个方面。母牛对饮水的要求较高，每天需要足够的饮水量。饮水设施应该保持干净，定期清洗和消毒，以防止细菌和病毒的传播。

母牛的疾病预防和控制也是饲养管理中必不可少的一项工作。母牛容易患上一些常见的疾病，如病毒性腹泻、牛瘟热等。饲养管理者需要定期给母牛进行疫苗接种和驱虫，以预防和控制疾病的发生。同时，对于出现疾病症状的母牛，需要及时隔离治疗，以防止疾病的传播。

1.8.2 每天打扫圈舍的好处

①预防疾病的发生：在养牛期间，必须每天打扫圈舍卫生，因为母牛每天都会拉屎、排尿，这些污物不及时清理掉，就会在牛圈里面滋生细菌和病毒，长期下去就会导致牛群感染各种细菌或引发各种疾病，严重影响母牛的健康成长。

②预防母牛消化不良：如果没有打扫圈舍卫生，导致圈舍特别脏乱差，充满各种气味，那么它就会影响母牛的食欲，最终会导致母牛出现不吃或食欲下降的问题。

③预防母牛消瘦不长：如果圈舍不干净，那么它就会影响母牛的舒适度和生活质量，从而影响母牛的健康和成长。长时间下去，很有可能会导致母牛出现消瘦不长的情况。

饲喂条件不理想

饲料槽不及时清理

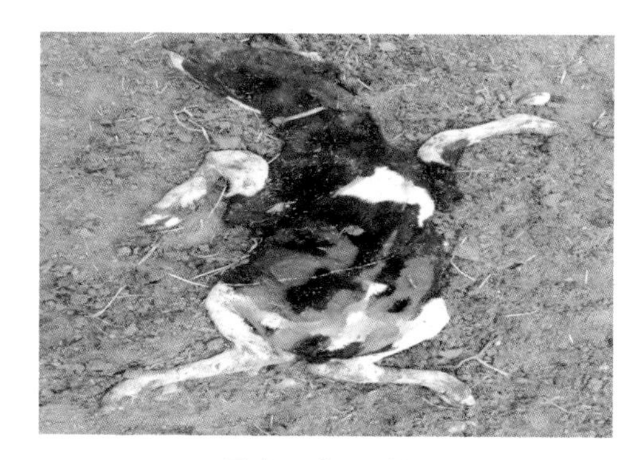

圈舍卫生不到位

1.8.3 怎样有效打扫牛圈卫生

①清理牛粪：每天都要清理牛粪，因为牛粪中含有大量的细菌和病毒，如果不及时清理，会对母牛的健康造成威胁。清理牛粪的方法可以使用铲子、扫帚等工具，将牛粪清理到指定的地方，然后进行处理。

②做好消毒：在清理完牛粪后，记得圈舍消毒，这样可以有效预防疾病的发生。

③更换饮水和饲料：还要每天给母牛更换饮水和饲料，这样可以保证母牛的饮食和营养摄入。

养母牛过程中，一定要重视牛圈舍的卫生，争取给母牛营造一个干净、舒适、安全的环境，这样才能确保牛的健康。

1.9 母牛的发情鉴定方法

1.9.1 外部观察法

外部观察法主要是通过观察母牛的外部表现和精神状态来判断其发情情况，例如母牛爬跨他牛或接受他牛爬跨、兴奋不安、食欲减退，外阴部充血、肿胀、湿润，有透明情液、流眼泪、产奶量下降等。发情母牛最好从开始时特别是早晚定期观察，以便了解其变化过程。一般乳牛场将母牛放入运动场中，早晚各观察一次，如发现上述情况表示已发情。

①母牛发情持续期的表现：初期，母牛兴奋不安，嚎叫，游走，食欲减少，一爬一跑，此时配种尚早；中期，母牛接受爬跨，后肢张开，此时应隔日配；末期，母牛逐渐安静，公牛仍尾随嗅闻，公牛爬时母牛掉腚拒爬，但很少奔跑，此时配种正好。

②外阴部肿胀程度：母牛发情初期外阴部开始肿胀发红，发情中期外阴部肿胀，明显有光泽，此时配种尚早，当肿胀基本消失，外阴部出现皱褶时正是配种时期。

③黏液性状：母牛发情时从阴道中流出的黏液，可称为情液，

情液从产生到结束，从颜色看，由青色到黄色或者清白色，从黏度上看，其牵缕性从小到大，再从大到小，见到黄短线或白短线时适宜配种。

④子宫颈的变化：母牛休情期子宫颈比较硬，直肠触摸有胶棒感，随着发情持续期的延长，子宫颈由硬变软，变粗，发情末期子宫颈外口由软变硬，但内口还松软时，配种最适宜。

外部观察法

1.9.2　试情法

一种是将结扎输精管的公牛放入母牛群中，日间放在群牛中试情，夜间公母分开，根据公牛追逐爬跨情况以及母牛接受爬跨的程度来判断母牛的发情情况；另一种是将试情公牛接近母牛，如母牛喜靠公牛，并作弯腰弓背姿势，表示可能发情。

1.9.3 阴道检查法

阴道检查法是用阴道开张器来观察阴道的黏膜、分泌物和子宫颈口的变化来判断发情与否。

发情母牛阴道黏膜充血潮红，表面光滑湿润；子宫颈外口充血、松弛、柔软开张，排出大量透明的牵缕性黏液，如玻棒状（俗称吊线），不易折断。黏液最初稀薄，随着发情时间的推移，逐渐变稠，量也由少变多。到发情后期，量逐渐减少且黏性差，颜色不透明，有时含淡黄色细胞碎屑或微量血液。不发情的母牛阴道苍白、干燥，子宫颈口紧闭，所以无黏液流出。

1.9.4 直肠检查法

母牛的发情期短（12~18 小时），一般在发情期中配种 1~2 次即可，不一定要用直肠检查法来确定排卵时间。但有些营养不良的母牛，生殖机能衰退，卵泡发育缓慢，因此排卵时间就会延迟，有些母牛的排卵时间也可能提前，没有规律。但多数是卵泡发育慢，排卵延迟。对于这些母牛，不做直肠检查就不能正确判断其排卵时间。为了正确确定配种适期，除了进行外部观察，还有必要进行直肠检查。

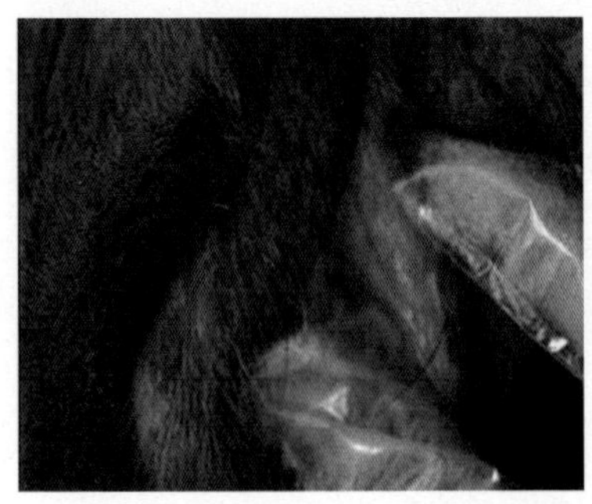

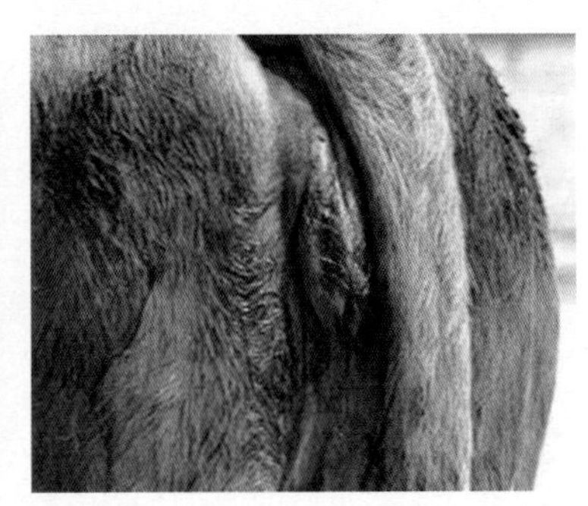

直肠检查法

1.10 母牛人工授精佳期

判断发情完以后最佳授精时间：一般早晨判断发情的牛，下午开始配种。下午判断发情的牛，第二天早晨配种。

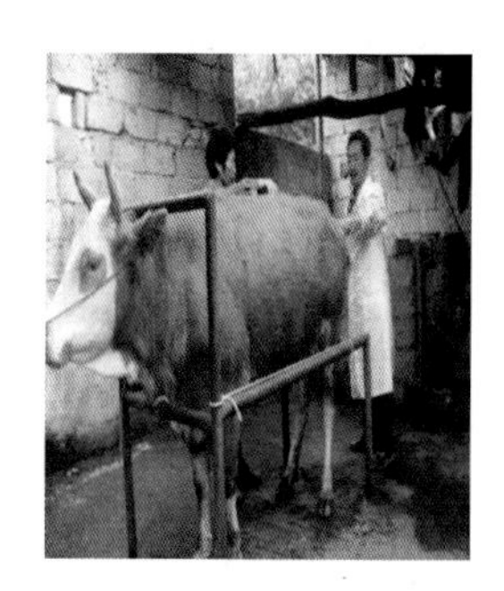

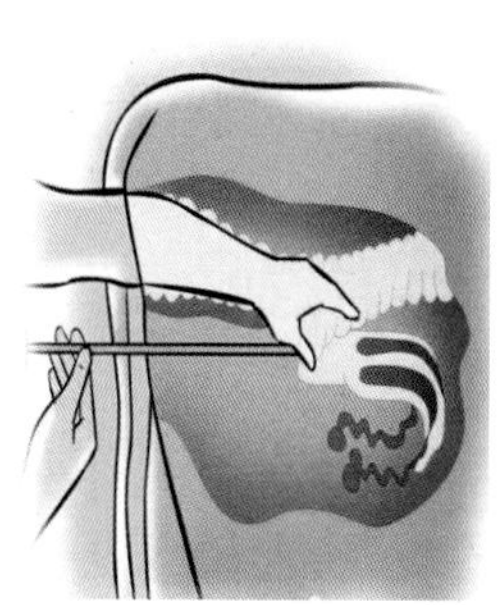

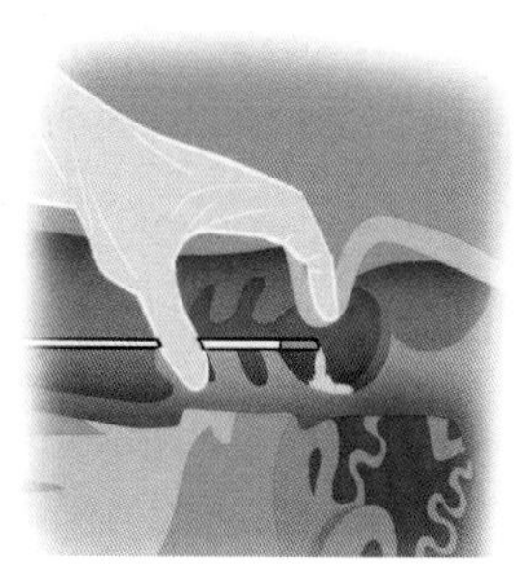

人工授精

1.11 母牛预产期的计算方法及分娩

母牛预产期为配种月份减3或加9，配种日数加6。例如，某牛3月15日配种，3+9=12，12为预计月份；15+6=21，21为预计分娩日。即当年12月21日为预产期。

1.11.1 母牛产犊需要多长时间

母牛产犊一般需要2~6个小时，母牛在开始分娩的时候，子宫基层就慢慢开始收缩，牛犊通过生殖道，胎膜裂开之后，小牛就会慢慢被分娩出来。母牛产犊的具体时间还与母牛自身的身体状况以及牛犊的发育状况有关。

如果母牛本身身强力壮，小牛犊也发育的良好，那么产犊的时间就会短一些，维持在2小时左右。相反，如果母牛的体格比较瘦弱，而且小牛犊也发育的不好，那么它生产时会更加困难，可能需要6小时甚至更长的时间。

1.11.2 母牛临产前的症状

①乳房膨胀：母牛在生产之前的半个月，乳房就会慢慢膨大，在生产之前的4~5天就可以挤出淡黄色的、比较黏稠的奶水。在生产前的1~2天能够挤出白色的奶水。

②外阴部肿胀：母牛在生产之前，它的外阴部慢慢肿胀，而且褶皱会消失，子宫颈口黏液开始融化，并且有透明的线状物，会垂于阴门的外面，一般在1~2天就可以分娩了。

③母牛不安：母牛在临近生产之前，会频繁排尿和排粪，并且回头看它的腹部。母牛子宫开始阵缩，并且有胎水流出，说明马上要生产了。

1.11.3 分娩

牛的分娩过程一般分为三个时期：

第一开口期：从子宫开始阵缩，到子宫颈口充分开张为止，一般需2~8小时。特征是只有阵缩而不出现努责。初产牛不安，食欲减退。经产牛一般比较安静，有时看不出明显表现。

胎儿产出期：从子宫颈充分开张至产出胎儿为止，一般持续3~4小时。初产牛一般持续时间较长，若是双胎则两胎儿排出，间隔时间一般为20~120分钟。特征是阵缩和努责同时作用。该时期的母牛通常侧卧，四肢伸直强烈努责，羊膜形成囊状突出于阴门外。该囊破裂后排出微带黄色的浓稠羊水，胎儿产出后尿囊才开始破裂，流出黄褐色尿水。

胎衣排出期：从胎儿产出后到胎衣完全排出为止，一般需 4~6 小时。若超过 12 小时胎衣仍未排出，即为胎衣不下，需及时采取处理措施。当胎儿产出后母牛即安静下来，经子宫阵缩而使胎衣排出。

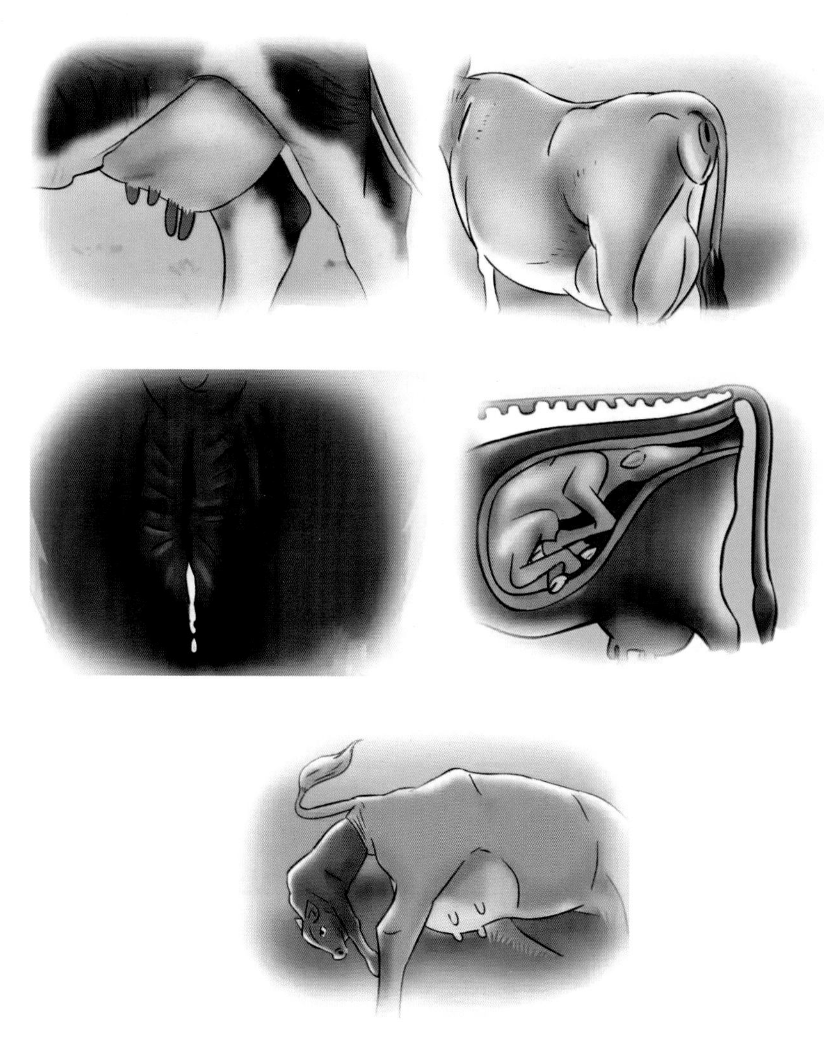

分娩 1

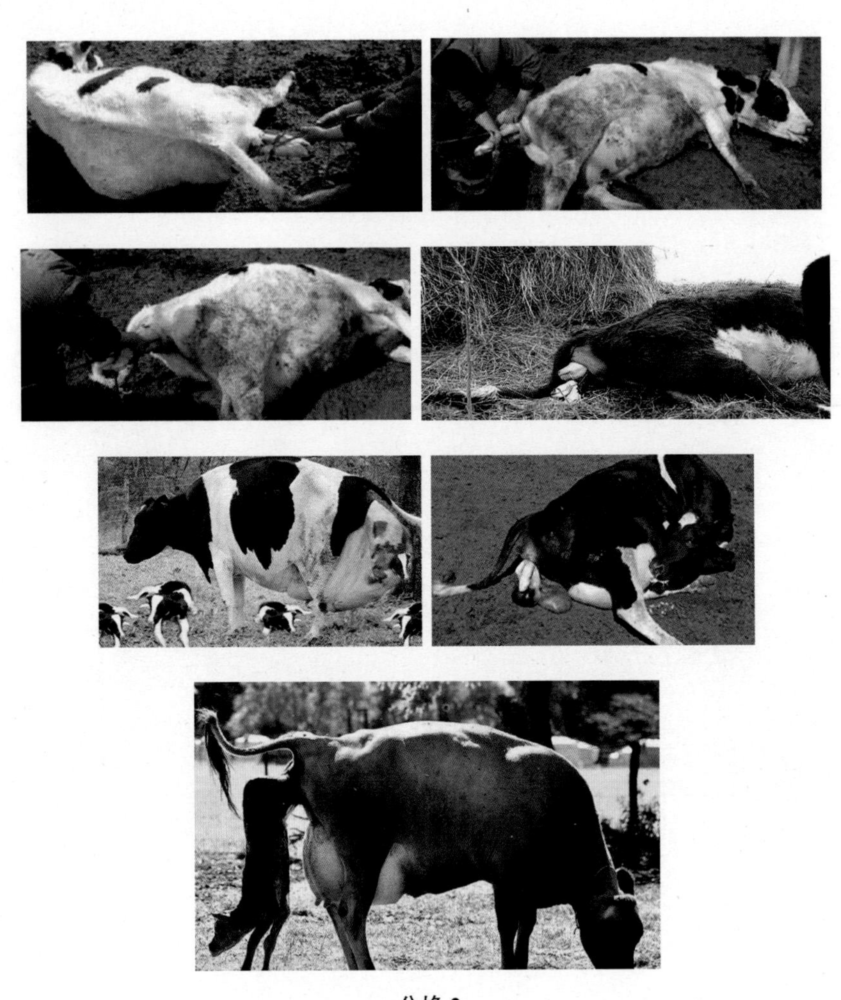

分娩 2

第 2 章　南疆牛养殖实用技术

南疆地区是我国牛养殖的重要区域之一，拥有丰富的草料资源和优良的肉牛品种。为了进一步提高南疆地区牛养殖的效益和水平，本文将重点介绍南疆地区牛养殖的实用技术，包括品种选择、饲料配制、饲养管理、疫病防治等方面，以期为南疆地区的牛养殖户提供参考和帮助。

2.1　品种选择

2.1.1　选择优良品种

根据市场需求和当地气候条件，选择适合南疆地区的优良肉牛品种，如新疆褐牛、哈萨克牛等。

2.1.2　选配优良种牛

选择体型健壮、繁殖能力强、遗传性能稳定的种牛进行配种，以提高后代牛的品质和生产性能。

2.2　饲料配制

2.2.1　合理利用草料资源

充分利用南疆地区的草料资源，如苜蓿、玉米秸秆、小麦秸秆等，进行合理搭配，提高饲料营养价值。

2.2.2　科学配制饲料

根据肉牛不同生长阶段的营养需求，科学配制饲料，确保饲料营养全面、均衡。

2.2.3 选用添加剂

合理选用添加剂，如维生素、矿物质等，以满足肉牛生长所需的各种营养元素。

2.3 饲养管理

2.3.1 分阶段饲养

根据肉牛的生长阶段，将饲养过程分为犊牛期、育成期和肥育期 3 个阶段，每个阶段采用不同的饲养方案。

2.3.2 保持卫生

保持牛舍清洁卫生，定期消毒，防止疫病的发生。

2.3.3 定时饲喂

根据肉牛的生长阶段和营养需求，制订合理的饲喂计划，定时饲喂，确保肉牛获得足够的营养。

2.3.4 合理分群

根据肉牛的品种、大小、生长阶段等因素进行合理分群，避免混群饲养造成的管理不便。

2.3.5 记录管理

建立肉牛饲养记录管理制度，记录每头牛的生长情况、饲料消耗、疾病治疗等信息，以便于及时发现问题并采取相应措施。

2.4 疫病防治

2.4.1 做好防疫工作

定期进行疫苗接种，严格执行防疫程序，防止传染病的发生。

2.4.2　保持健康状态

通过良好的饲养管理和环境卫生，保持肉牛的健康状态，预防疾病的发生。

2.4.3　及时治疗

一旦发现肉牛患病，应及时请兽医进行治疗，防止病情恶化。

2.4.4　定期检查

定期对肉牛进行检查，发现潜在疾病及时采取防治措施。

2.4.5　做好隔离措施

一旦发现疫情，应立即对病牛进行隔离治疗，同时对同群牛进行观察和预防治疗。

2.5　经济效益提高方式

2.5.1　选择高效品种

选择生长速度快、繁殖能力强、肉质好的品种，提高肉牛养殖的经济效益。

2.5.2　科学饲养管理

通过科学饲养管理和疫病防治，提高肉牛的生长速度和健康水平，降低饲养成本。

2.5.3　销售渠道多样化

积极拓展销售渠道，如通过肉类加工厂、餐饮企业等途径销售肉牛，提高经济效益。

2.5.4 加强品牌建设

通过建立品牌形象和质量认证等方式，提高肉牛产品的知名度和市场竞争力。

2.5.5 加强合作与交流

与其他地区的牛养殖户和专业人士进行合作与交流，引进先进技术和管理经验，提高南疆地区牛养殖的整体水平。

2.6 南疆地区肉牛养殖技术特点

2.6.1 草料资源利用合理

南疆地区拥有丰富的草料资源，如苜蓿、玉米秸秆、小麦秸秆等，这些资源为肉牛养殖提供了丰富的饲料来源。在饲养过程中，肉牛养殖户会充分利用这些资源，通过合理搭配和加工处理，提高饲料营养价值。

2.6.2 饲养管理科学

南疆地区的肉牛养殖户注重科学饲养管理，根据肉牛的生长阶段和营养需求，制订合理的饲喂计划。同时，保持牛舍清洁卫生，定期消毒，防止疫病的发生。在饲养过程中，还会对每头牛的生长情况、饲料消耗、疾病治疗等信息进行记录管理，及时发现问题并采取相应措施。

2.6.3 疫病防治措施有效

南疆地区的肉牛养殖户非常重视疫病防治工作，会定期进行疫苗接种，严格执行防疫程序。一旦发现肉牛患病，会及时请兽医进行治疗，防止病情恶化。在疫情发生时，还会采取隔离治疗措施，并对同群牛进行观察和预防治疗。

2.6.4　销售渠道多样化

南疆地区的肉牛养殖户积极拓展销售渠道，通过肉类加工厂、餐饮企业等途径销售肉牛。这不仅提高了肉牛产品的知名度，还为肉牛养殖户带来了更多的经济效益。

2.6.5　品牌建设意识强

南疆地区的肉牛养殖户注重品牌建设，通过建立品牌形象和质量认证等方式，提高肉牛产品的知名度和市场竞争力。这有助于提升南疆地区肉牛养殖业的整体形象和市场地位。

总之，南疆地区肉牛养殖技术特点主要体现在合理利用草料资源、科学饲养管理、有效的疫病防治措施、多样化的销售渠道以及品牌建设意识强等方面。这些特点有助于提高南疆地区肉牛养殖的综合效益和竞争力，为当地经济发展和农民增收作出贡献。

2.7　南疆地区草料资源

南疆地区拥有丰富的草料资源，其中包括紫花苜蓿、黑麦草、玉米秸秆、小麦秸秆等。这些草料资源为当地的牛羊养殖提供了丰富的饲料来源。

2.7.1　紫花苜蓿

紫花苜蓿是一种多年生牧草，具有高营养价值，富含蛋白质、矿物质和维生素等营养成分。在南疆地区，紫花苜蓿种植广泛，可以作为牛羊等牲畜的优质饲料。

紫花苜蓿是南疆地区重要的草料资源之一，具有以下特点：

①适应性强：紫花苜蓿能够在不同的气候和土壤条件下生长，适应南疆地区的自然环境。在草地养殖中，紫花苜蓿能够根据环境变化自我调整，适应不同的气候和土壤条件，保证草地养殖的稳定性和持续性。

②生长速度快：紫花苜蓿的生长速度很快，可以在短时间内积累

大量的干物质，为牲畜提供丰富的草料。在草地养殖中，紫花苜蓿可以作为主要的饲料来源，为牲畜提供营养丰富的草料，促进其生长发育。

③适口性好：紫花苜蓿的口感较好，能够提高牲畜的食欲和采食量。在草地养殖中，紫花苜蓿可以作为主要的食物来源，满足牲畜的口感需求，提高其食欲和采食量，促进其生长。

④营养价值高：紫花苜蓿富含蛋白质、矿物质和维生素等营养成分，是一种优质的饲料来源。在草地养殖中，紫花苜蓿可以为牲畜提供全面的营养，保证其健康生长。

⑤易于储存和运输：紫花苜蓿可以制成干草或青贮饲料，易于储存和运输，能够满足不同季节的饲料需求。在草地养殖中，紫花苜蓿可以作为主要的储存饲料，保证在季节变化时仍能提供稳定的饲料供应。

总之，紫花苜蓿作为一种优质的草料资源，在南疆地区的牛羊养殖中具有重要的作用。它不仅适应性强、生长速度快、适口性好、营养价值高和易于储存和运输等特别之处，是一种优质的草料来源，能够为草地养殖提供全面的支持和保障。

除了作为牛羊等牲畜的优质饲料，紫花苜蓿在南疆地区还有其他应用：

①生态环保：紫花苜蓿是一种多年生植物，具有固土护坡、保持水土的作用，可以用于生态修复和环境保护。同时，紫花苜蓿还可以作为蜜源植物，为蜜蜂提供蜜源，促进蜜蜂养殖业的发展。

②能源利用：紫花苜蓿中含有丰富的纤维素和木质素等成分，可以用于生产生物质能源，如生物质燃料、生物质发电等。

③药用价值：紫花苜蓿全草均可入药，具有清热解毒、利尿消肿、平喘止咳等功效，可用于治疗支气管炎、肺气肿、肝炎、痢疾、尿路感染等疾病。

总之，紫花苜蓿在南疆地区除了作为饲料外，还有其他多种应用，为当地的农业、畜牧业和生态环境保护作出了积极的贡献。

2.7.2　黑麦草

黑麦草是一种适应性强、生长迅速的牧草，适合在南疆地区种植。黑麦草富含蛋白质、矿物质和维生素等营养成分，可以作为牛羊等牲畜的优质饲料。

2.7.3　玉米秸秆

玉米秸秆是一种常见的农作物副产品，也是南疆地区牛羊养殖的重要饲料来源之一。玉米秸秆营养价值较高，可以作为牛羊的粗饲料。

2.7.4　小麦秸秆

小麦秸秆也是南疆地区常见的农作物副产品，可以作为牛羊的粗饲料。小麦秸秆营养价值相对较低，但可以与其他饲料搭配使用，提高饲料的整体营养价值。

除了以上几种常见的草料资源外，南疆地区还有其他丰富的草料资源，如沙打旺、红豆草、鲁梅克斯等。这些草料资源都为当地的牛羊养殖提供了重要的饲料来源。

第3章 羊养殖技术

3.1 羊养殖技术主要内容

3.1.1 品种选择

选择适合当地环境和气候条件的品种，同时考虑市场需求和经济效益。

3.1.2 场地准备

建立合适的羊圈和饲料储存设施，同时要保证环境卫生和安全。

3.1.3 饲养管理

提供营养均衡的饲料和清洁的饮水，同时要注意环境控制和疫病防治。

3.1.4 配种管理

定期从外面引进种公羊，促进品种改良升级换代，对留作种用的公、母羊编号存档，对各个种羊的配种时间、配种方式、产羔情况等记录存档。

3.1.5 饲养规模

根据自身的财力、人员配置、草料贮备等情况灵活掌握，同时要保证饲养密度适宜，活动空间足够。

3.1.6 饲草贮备

在饲草量大的季节多贮备新鲜饲草，如花生秧、黑麦草、苜蓿草等，有条件的可青贮保存，以防冬季雪天缺料。

总之，羊的养殖需要综合考虑多个方面，包括品种选择、场地准备、饲养管理、配种管理、饲养规模和饲草贮备等。同时，需要不断学习和积累经验，提高养殖技术水平。

3.2　萨福克绵羊养殖技术

羊的品种有很多，常见的包括波尔山羊、小尾寒羊、萨福克绵羊、陶赛特绵羊、杜泊绵羊、德克赛尔羊、萨能奶山羊、夏洛莱羊、土白山羊、黑山羊、大耳羊、隆林山羊等。此部分主要讲述萨福克绵羊的特点和养殖技术要点。

萨福克绵羊体型较大，体躯长且强壮，背腰平直，四肢较长且强壮，头部和四肢下部为黑色，被毛白色且闭合良好，质地柔软且密度适中。萨福克绵羊的适应性强，能够适应不同的气候和环境条件，生长速度快，产肉多，肉质好，被广泛用作发展肉羊生产的终端父本。

萨福克绵羊

萨福克绵羊的繁殖能力强，性早熟，公羔羊和母羔羊在7月龄左右即可达到性成熟，全年均能正常发情，产羔率可达130%~165%。

因此，萨福克绵羊是一种非常优秀的肉羊品种，具有广泛的应用前景。

3.2.1 饲料配制

萨福克绵羊需要充足的营养供给，在饲料配制上，要保证含有足够的蛋白质、矿物质和维生素等营养成分。可以按照饲料配方进行配制，包括青绿饲料、青贮饲料、干草饲料等。

3.2.2 饲养管理

在饲养管理上，需要注意以下几点。首先，要保持圈舍的清洁卫生，定期清理粪便和垃圾，避免细菌滋生。其次，要保证充足的饮水供应，尤其是在炎热的夏季，必须保证水源清洁，及时更换饮用水。最后，要定期进行消毒，防止疫病的发生。

3.2.3 繁殖管理

在繁殖管理上，需要注意以下几点。首先，要选择优良的种羊进行繁殖，保证后代羊具有优良的遗传特性。其次，要合理安排配种时间，避免近亲交配，保证繁殖质量。此外，要定期检查母羊的繁殖情况，及时发现和治疗疾病，防止对母羊造成永久性的伤害。

3.2.4 疫病防治

在疫病防治上，需要注意以下几点。首先，要定期进行疫苗接种，预防传染病的发生。其次，要定期检查羊的健康状况，及时发现和治疗疾病。此外，要注意避免从疫区引进新羊，防止疫病的传播。

3.2.5 注意事项

在养殖过程中，需要注意以下几点。首先，要加强饲养管理，保证羊的营养需求得到满足。其次，要注意防止天气的剧烈变化对羊造成伤害。最后，要注意让羊进行适当的运动和放牧活动，增强羊的体质和抵抗力。

总之，萨福克绵羊的养殖技术需要从多个方面入手，包括饲料配制、饲养管理、繁殖管理和疫病防治等方面。只有精心管理和细心照顾，才能保证羊的健康和生产性能。

第 4 章 鸡养殖技术

4.1 鸡养殖关键技术和步骤

鸡养殖技术包括多个方面，以下是一些关键的技术和步骤。

4.1.1 品种选择

选择适合当地环境、抗病能力强、生产性能高的鸡品种。

养鸡的品种选择取决于多个因素，包括当地环境、市场需求、养殖目的等。以下是一些常见的鸡品种：

①三黄鸡：因羽、喙、脚皆为黄色而得名，产蛋量高，肉质细嫩，味道鲜美且营养丰富，在国内外都有很高的声誉，是我国最著名的土鸡品种之一。

②芦花鸡：原产自山东省汶上县，适应力强，可养殖于不同的环境，饲养简单，体态健美、肌肉发达，有很强的抗病力。

③乌骨鸡：不仅外观全是乌黑色，就连皮肤、内脏、骨头都是乌黑色，肉质的口感和营养价值都比一般的鸡高。

④绿壳蛋鸡：因产绿壳蛋而得名，体型较小，但产的蛋却不小，平均每枚蛋重 40 克，蛋黄大，蛋清稠，蛋白浓厚，营养丰富，富含多种维生素以及人体所需的微量元素。

4.1.2 圈舍建设

建设通风良好、能防寒防暑的圈舍，保证鸡舒适的生活环境。

4.1.3 饲料选择

根据鸡的生长阶段和生产性能选择营养丰富、易于消化的饲料，进行合理搭配。

4.1.4　管理

保持圈舍清洁干燥，定期消毒，防止疾病传播。合理分群，避免强弱混养。提供适当的运动和光照。

4.1.5　繁殖技术

掌握鸡的繁殖规律，提高繁殖率。例如，可以通过人工授精、种蛋管理等技术提高繁殖效率。

鸡的养殖周期会因品种、养殖目的和生长环境等因素而有所不同。一般来说，肉鸡的养殖周期通常为 1~2 个月，而蛋鸡的养殖周期则较长，通常为 16~17 个月。对于土鸡，其生长周期一般为 4~6 个月。

4.1.6　疫病防治

定期接种疫苗，定期检查，及时发现并治疗疾病。对于家禽的常见疾病如新城疫、传染性支气管炎等要有针对性的防治措施。

4.1.7　粪污处理

建立粪污处理设施，对粪便进行无害化处理，防止环境污染。粪便可以通过堆肥、沼气发酵等方式进行处理，转化为有机肥或生物能源。

4.1.8　记录管理

建立完善的养殖记录，包括饲料消耗、疫苗接种、疾病治疗等信息，以便分析养殖效益和问题，及时进行调整。

此外，鸡养殖还需要关注市场动态，了解市场需求和价格变化，制订合理的生产和销售计划。通过不断改进养殖技术和管理水平，提高生产效率和经济效益。

4.2 鸡养殖过程中常见问题及注意事项

4.2.1 常见问题

①鸡舍环境问题：鸡舍温度过低、湿度过大、通风不良、有害气体超标等，都可能导致鸡出现咳嗽、气管啰音及呼吸艰难等问题。

②应激因素：免疫接种、操作不规范、消毒不严格等应激因素，可能引起鸡群抵抗力下降，导致鸡慢性呼吸道感染。

③免疫抑制因素：某些免疫抑制病或营养缺乏、药物使用不当等问题，可能破坏鸡正常的免疫功能，从而引起鸡呼吸道病。

④病原体感染：鸡感染支原体、细菌感染等病原体，可能引起流泪、甩鼻、咳嗽等症状。

⑤饲料和饮水问题：饲料干粉状、湿度太低，可能导致鸡舍粉尘过大，鸡群被呛得咳嗽。饮水不清洁或含有有害物质，也可能对鸡的健康造成影响。

为了解决这些问题，需要采取一系列措施，如改善鸡舍环境、加强饲养管理、科学免疫接种、控制饲料和饮水质量等。同时，定期检查和及时治疗疾病也是非常重要的。

鸡的病原体包括病毒、细菌、真菌、衣原体、霉形体等多种病原微生物。这些病原体可能引起鸡的呼吸道疾病、消化系统疾病、生殖系统疾病等。例如，鸡的呼吸道疾病主要由病毒引起，如新城疫病毒、传染性支气管炎病毒等。此外，细菌如大肠杆菌、沙门氏菌等也可能引起鸡的呼吸道感染。

为了预防和治疗鸡的疾病，需要采取一系列措施，如加强饲养管理、定期消毒、科学免疫接种等。同时，对于已经发病的鸡群，需要及时诊断和治疗，避免疾病的扩散和传播。

4.2.2 注意事项

①温度：雏鸡对温度非常敏感，前一周内要保持室内温度在32~35℃，随着小鸡的生长，每周降低2~3℃，直至适应正常的环境温

度。可以使用取暖器、电热板等设备来保持恒温。

②湿度：小鸡生长需要适宜的湿度，通常保持在60%~70%。过高的湿度容易导致小鸡患病，过低的湿度则会影响小鸡的生长。可以使用湿度计监测环境湿度，并通过喷水、通风等方式调节。

③饲料：小鸡的饲料要选择营养丰富、易消化的全价料。前两周内，可选择专门的小鸡饲料，之后逐渐过渡到适合成长期的饲料。饲料要保持新鲜、干燥，避免霉变。

④饮水：提供充足、干净的饮用水。新孵化出的小鸡24小时后开始喝水，可在水中加入一些葡萄糖或维生素C，以帮助小鸡恢复体力。注意定期更换饮水，保持水质卫生。

⑤疫苗接种：按照兽医部门的要求，为小鸡接种相应的疫苗，预防疫病的发生。如马立克病、传染性支气管炎等。

⑥环境卫生：保持养殖场所的清洁卫生，定期清理粪便、残料等污物，保持地面干燥。可以使用消毒剂对养殖场所进行定期消毒，以减少病菌和寄生虫的滋生。

⑦密度：小鸡的养殖密度要适中，避免过于拥挤。密度过大容易导致小鸡生长缓慢、发病率增加。根据小鸡的生长情况，适时调整养殖密度。

⑧观察：要经常观察小鸡的生长状况，如食欲、精神、羽毛等。一旦发现异常，要及时采取措施，如隔离、治疗等。

总之，养鸡需要掌握全面的技术和管理知识，才能保证鸡群的健康成长和生产效益。同时，还需要注意环境卫生、疫苗接种、饲养密度等方面的问题，以预防疫病的发生和提高养殖效益。

4.3 三黄鸡的养殖技术及注意事项

4.3.1 三黄鸡的养殖技术

①雏鸡饲养管理：雏鸡入舍后，先要用人工引导雏鸡饮用20℃左右的含糖量5%的糖水，雏鸡饮水2~3小时后才能开食。第一周内雏鸡饮用水的温度应在20℃，而且可以加入一定量的可溶性维生素，如

速补 14、电解多维等。

②饲料和饮水管理：雏鸡的饲料应以全价配合饲料为主，饲喂时应定时定量，饮水要保持清洁，每天要清洗和消毒 1~2 次。

③疫病防治：定期对鸡舍进行消毒，做好疫病的预防和控制工作。一旦发现病鸡，应立即隔离和治疗，同时对病死鸡进行无害化处理，防止疾病扩散。

④饲养密度：控制鸡群密度，避免过度拥挤，保证每只鸡有足够的活动空间。

三黄鸡

⑤光照管理：光照对三黄鸡的生长和产蛋有很大影响。要根据生

长阶段调节光照时间和强度，保持适宜的光照环境。

以上是三黄鸡的养殖技术要点，具体养鸡过程中可能还需要根据实际情况进行调整和优化。

4.3.2 三黄鸡养殖的注意事项

①鸡舍建设：选择地势高、干燥、通风良好、远离污染源的地方建设鸡舍。鸡舍要具备保温、通风、采光性能好的特点。

②饲养管理：三黄鸡的生长速度较快，需要充足的营养。根据不同生长阶段的需求，合理配制饲料，保证饲料的营养均衡。同时，要定时定量投喂饲料，避免饲料浪费和污染。

③饮水管理：保持水源清洁，定期更换饮水，避免水污染。饮水要充足，以满足三黄鸡的生长需求。

④疾病防治：定期检查鸡群健康状况，及时发现和治疗疾病。采取预防措施防止疾病传播，如定期消毒、保持鸡舍卫生等。

⑤光照管理：光照对三黄鸡的生长和产蛋有很大影响。要根据生长阶段调节光照时间和强度，保持适宜的光照环境。

⑥饲养密度：控制鸡群密度，避免过度拥挤。保证每只鸡有足够的活动空间，有利于鸡的生长和产蛋。

⑦防疫：按照防疫程序进行疫苗接种和驱虫，提高鸡的免疫力，减少疾病的发生。

⑧卫生：保持鸡舍和周围环境的卫生，定期清理和消毒。

⑨观察鸡群：密切观察鸡群的行为和健康状况，及时发现问题并采取措施。

4.4 鸡疫病控制及病毒感染防治措施

4.4.1 鸡疫病控制

在养殖过程中，控制鸡疫病是非常重要的。以下是一些控制鸡疫病的措施。

①做好养殖场的选址和结构：选择光照条件良好、地势略高、排

水系统完善、气候适宜的地区，远离城市和居民区，以减少人类活动对鸡生长的影响和空气中的污染物引起的疾病。同时，养殖场应具有较好的通风系统和排污系统，水源充足，以供及时使用。

②做好清洁消毒：定期对养殖舍进行消毒，及时清除粪便和污物，同时定时更换消毒药物，交叉消毒，有效消灭病原微生物，为鸡提供良好、清洁的生活环境。

③加强养殖户技术培训：积极参加当地政府和农业服务机构组织的业务培训，了解在养殖过程中发生的常见病，具备解决问题的能力。

④加强农场建设和动物疫病检疫：养殖户要加大投入，提高养殖硬件建设，如消毒室、降温水帘、隔热层栏舍。在鸡养殖的过程中根据需要及时免疫接种，并进行抗体检测，保证饲养鸡健康。鸡出售时坚持全进全出的原则，并申报检疫，确保生物安全。专业大型养殖场一定要配备执业兽医师。

4.4.2 鸡病毒感染防治措施

预防鸡的病毒感染需要采取一系列措施，包括以下几点。

①做好防疫工作：定期接种疫苗，根据抗体水平随时免疫。同时，做好对进入鸡场的车辆及物品的彻底消毒工作，防止病毒进入鸡场内。

②环境卫生管理：保持鸡舍清洁干燥，定期消毒，减少病毒的传播。同时，在养鸡生产过程中对地面、笼具、粪便、饮水和人员进行消毒，目的就在于把附着在这些物体或人体表面的病原体杀灭，使其失去感染活性。

③环境适宜：为鸡群提供一个适宜的环境条件，如每年秋末冬初气温变化大，就容易引起呼吸系统疾病的发生；夏季温度高、湿度大，则容易发生大肠杆菌病和霉菌性疾病。

④饲养管理：保证鸡群各种营养素的充足供应，提高鸡的抗病能力。同时，避免使用被污染的水源和饲料，减少环境中病原体对鸡的感染。

⑤减少应激因素：应激因素会降低鸡的免疫力，增加病毒感染的

风险。因此，需要避免或减少各种应激因素的发生，如温度变化、过度拥挤、运输等。

⑥及时处理病死鸡：对于已经发病的鸡群，需要及时诊断和治疗，避免疾病的扩散和传播。同时，对于病死鸡要及时处理，防止病毒的传播。

总之，防治鸡的病毒感染需要从多个方面入手，包括做好防疫工作、环境卫生管理、饲养管理、减少应激因素和及时处理病死鸡等。

4.5　鸡疫苗种类

4.5.1　鸡传染性法氏囊病灭活疫苗

用于预防鸡传染性法氏囊病。

4.5.2　鸡马立克氏病Ⅰ、Ⅲ型二价活疫苗

用于预防鸡马立克氏病。

4.5.3　鸡新城疫活疫苗（Ⅰ系）

用于预防鸡新城疫，供已经用鸡新城疫低毒力疫苗免疫过尚在有效期内的鸡使用。

4.5.4　鸡传染性喉气管炎活疫苗

用于预防鸡传染性喉气管炎。

4.5.5　鸡大肠杆菌灭活疫苗

种鸡可在 4 周龄和 18 周龄的时候，各免疫一次。

4.5.6　鸡传染性支气管炎活疫苗（H120 株）

用于预防鸡传染性支气管炎。接种后 5~8 天产生免疫力，免疫期为 2 个月。

4.5.7 禽流感疫苗

禽流感疫苗是一种灭活疫苗，用于预防人感染高致病性禽流感病毒感染，控制禽流感的流行。该疫苗主要预防 H5N1、H9N2 等毒株经处理后制备的灭活疫苗。

4.6 禽流感

4.6.1 禽流感介绍

禽流感是由禽流感病毒引起的。禽流感病毒是一种正黏病毒科流感病毒属的病毒，具有多种亚型，其中一些亚型可以感染人类。禽流感病毒主要通过呼吸道传播，也可以通过接触被病毒污染的物品或环境传播。

禽流感表现为呼吸道和严重全身性感染。主要发生在禽类，如鸡、鸭、鹅、鸽子等。又称欧洲鸡瘟、真性鸡瘟。按病原体致病性的大小，分为高致病性、低致病性和无致病性。其中高致病性禽流感传播快、病情重、病死率很高。由于病毒基因易发生变异，可感染人而发生呼吸系统和全身多脏器功能衰竭，称为“人禽流感病”，病情进展快，病死率高。该病最早于 1978 年在意大利暴发，现已遍及世界各国。20 世纪 90 年代后期起，在欧亚大陆日趋频繁暴发。不但给一些国家家禽养殖业带来沉重打击，而且也向人类健康提出了严峻挑战。1997 年中国香港特区卫生署宣布从一个 3 岁男孩的气管分泌物中发现一种病毒，证明是 H5N1 型禽流感病毒，这是全球首例人类感染禽流感的个案。同时在鸡场检查出 H5N1 禽流感病毒。越南、韩国、泰国、日本等国家已发现由 H5N1 病毒株引起的禽流感，有的国家已有“人禽流感病”发生。但没有发现该病在人群中交叉感染。中国湖南、湖北、上海、广西、新疆等地，亦发现 H5N1 引起的禽流感，也未感染人。传染源主要是病禽和带病毒禽类。通过接触感染的禽类及其分泌物和排泄物污染的饲料、水及其他物品，经呼吸道、消化道传播。不仅感染家禽，也可感染猪，人可通过接触感染的禽类及猪而受染。自然状态下，鸡、火鸡、鸭、鹅及多种野鸟均可感染。人工试验可感染猪、猫、雪貂、水貂和猴等。被感染的家禽和野鸟是主要传染源。病鸡可从呼吸道、结膜和粪便中排出病毒，通过空气与粪便污染饲料、饮水、设备和昆虫等进行传播，此病多发生于气候骤变的秋末冬初及冬季。潜伏期因家禽品种、感染途径及病毒株致病力的不同而有较大差异。

动物禽流感可分为两种类型：一是急性禽流感。又称欧洲鸡瘟，主要发生于鸡和火鸡，常突然暴发，无先兆症状就突然死亡，死亡率50%~100%。特征性病变是消化道黏膜出血和肝、脾、肾、肺有灰黄色小坏死灶。二是以消化道症状为主的禽流感。主要发生于火鸡、鸭、鹅，鸡很少发生。病禽除食欲较差、消瘦、产蛋量减少外，主要出现明显的呼吸症状，如咳嗽、啰音等，孵化率下降20%以上。主要病变是结膜、鼻窦、气管和气囊发炎，滤泡变形，严重的可见气囊和鼻窦内有干酪样渗出物。除上述两种类型，还有不表现症状的，如野鸟的隐性感染。依据上述流行特点、症状和病变特征可作出初步诊断。确诊尚需根据病毒分离和鉴定。主要采取综合防治措施，包括疫情诊断和报告、疫点疫区的隔离封锁、扑杀病禽、养禽场及其周围地区的消毒、正常禽类接种疫苗、把好出入境检验检疫关等。病原为单链负股RNA病毒，直径80~120纳米。流感病毒按其血凝素（H）和神经氨酸酶（N）的抗原性不同，可分为15个H亚型（H1~H15）和9个N亚型（N1~N9）。

感染人禽流感病的流感病毒主要是H5N1、H7N7和H9N2，其中以H5N1引起的临床症状最重，对人危害大。禽流感病毒对热、乙醚、氯仿等敏感，常用消毒剂如福尔马林、过氧乙酸等能迅速破坏其传染性，阳光下和紫外线均可灭活病毒。人禽流感临床表现潜伏期一般为10天。发病以儿童和年老体弱者多见。起病急，早期表现类似流感，有发热，体温多在38.5℃以上，以稽留热和不规则热型较多见。热程一般为2~3天，亦可达7天。有流涕、鼻塞、头痛、全身不适和肌肉酸痛、恶心、腹痛和腹泻、稀水便，半数病人肺部有实变征，有干、湿性啰音。部分患者病情进展快，有明显的出血征象，表现为口腔黏膜瘀点、瘀斑，四肢及胸腹部皮肤可见大片瘀点和瘀斑，咳嗽、痰中带血，血尿或血便，血压明显下降、休克，肺炎进行性加重，血氧饱和度和氧分压下降，可出现肺出血、胸腔积液、急性呼吸窘迫综合征、全血细胞减少、肾功能衰竭和多脏器功能衰竭。诊断曾到过疫区，有与家禽及猪接触史，出现典型临床症状。血清抗体有4倍升高。血清、呼吸道分泌物和咽拭子可分离出甲型流感病毒，为上述常见的禽流感血清型。用PCR法检测上述标本，有禽流感病毒RNA，须经测序鉴定。治疗主要是对症和支持治疗。密切观察病情变化，及时给予相应治疗。早期可应用抗病毒治疗，如金刚烷胺、金刚乙胺和神经氨酸酶抑制剂，如奥司他韦和札那米韦。预防应对患者隔离，接触者应戴口罩，对受染动物应立即杀灭及深埋。并对疫地及周围环境进行严密消毒，对密切接触者可口服抗病毒药预防。

4.6.2 禽流感主要症状

禽流感的症状主要包括高热、精神沉郁，食欲下降，消瘦，母鸡产蛋量下降，呼吸道症状表现不一，咳嗽、喷嚏，啰音，呼吸极度困难，似传染性喉气管炎或似传染性支气管炎症状，病禽羽毛松乱，身体蜷缩，头和面部水肿，冠和肉髯发绀，有时出现神经症状，排黄绿色稀便，跗关节肿胀，脚趾鳞片出血，死亡率高，死后冠髯呈紫黑色，以上症状可单独出现或几种症状同时出现。

病鸡精神状态麻痹倒地

肉髯、眼睑出血，呈紫黑色

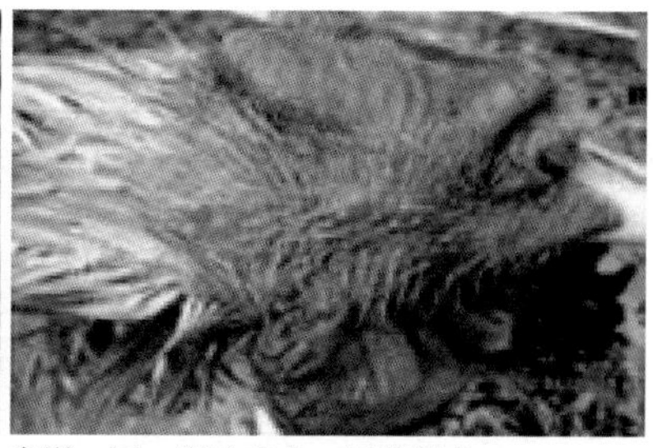

肉髯、冠、眼睑出血，呈紫黑色

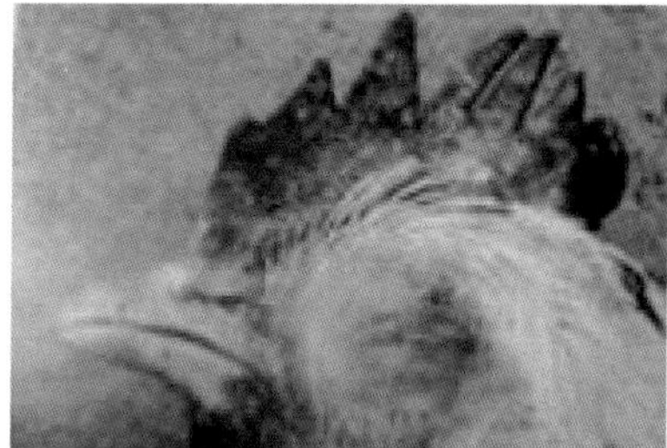

肉髯、眼睑出血，呈紫黑色

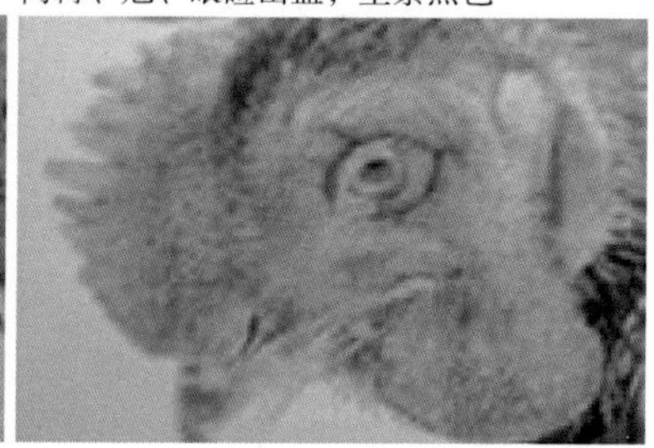

肉髯、冠、眼睑水肿，出血，呈紫黑色

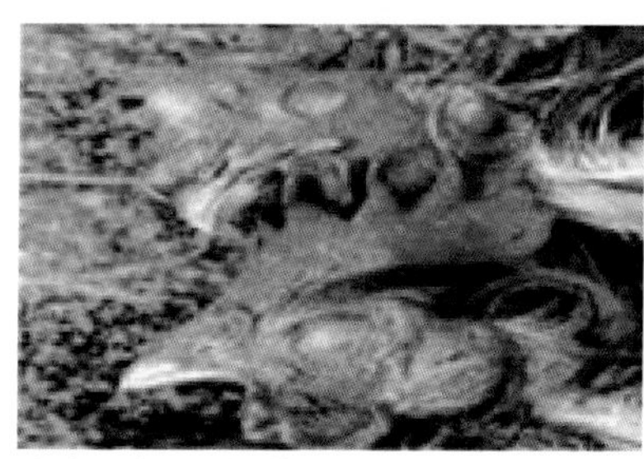

皮肤、鸡冠、肉髯发绀，出血，发病率、死亡率高

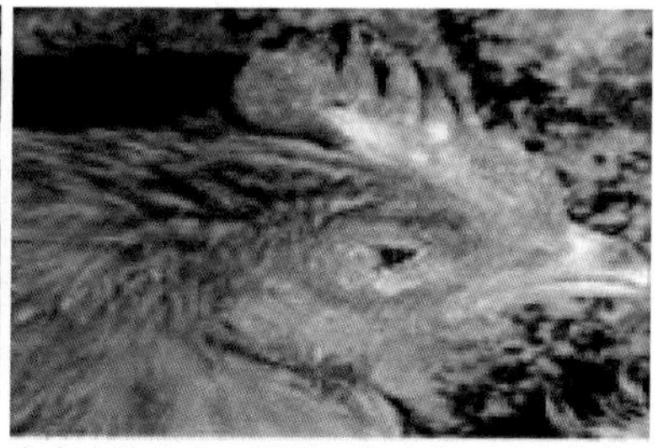

全身皮肤出血、发绀，发病率、死亡率高

全身皮肤出血，发绀，发病率、死亡率高

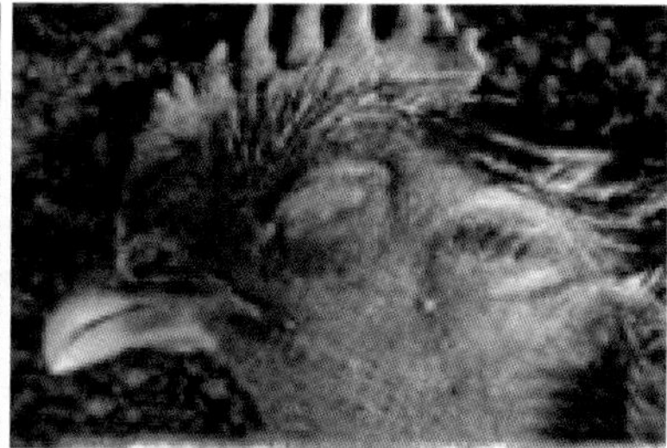

肉髯发绀，眼睑周围皮肤坏死

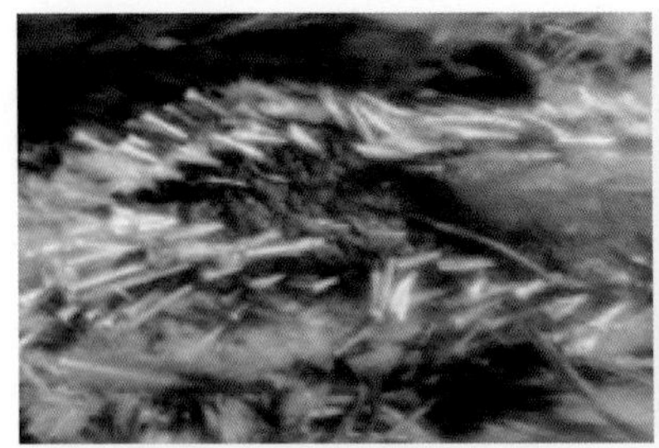
全身皮肤发紫，呈现败血症状

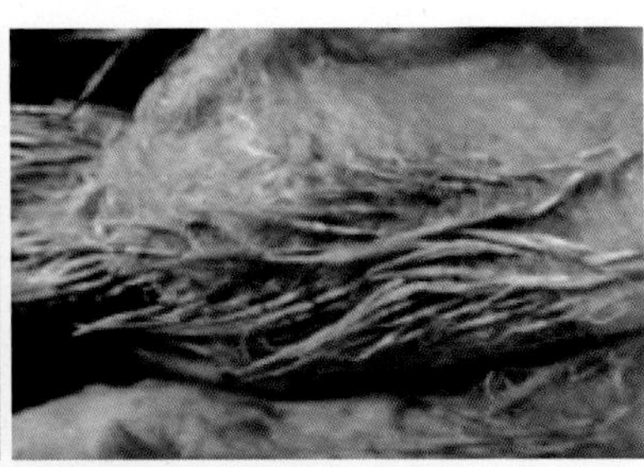
腹下皮肤发紫，呈现败血症状

大批死亡，有时出现明显神经症状，共济失调，震颈，偏头，抽颈

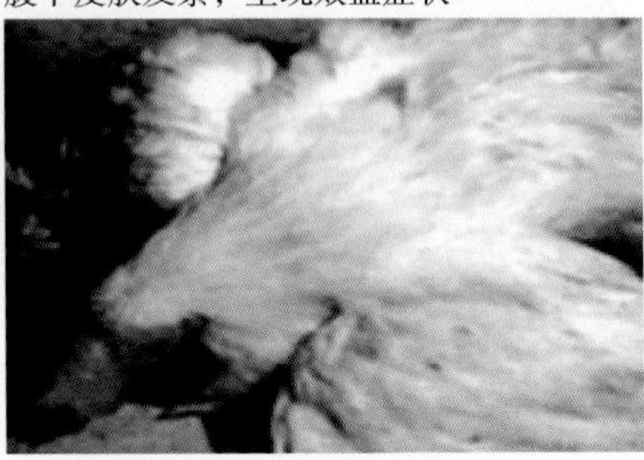
病鸡神经症状，麻痹，倒地、站立不起

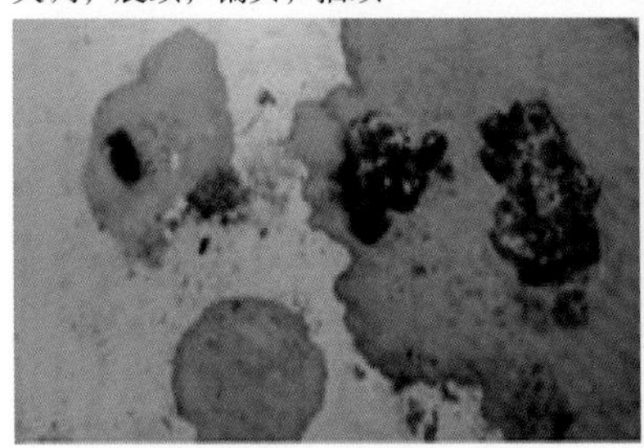
下痢，排绿色或白绿色稀粪

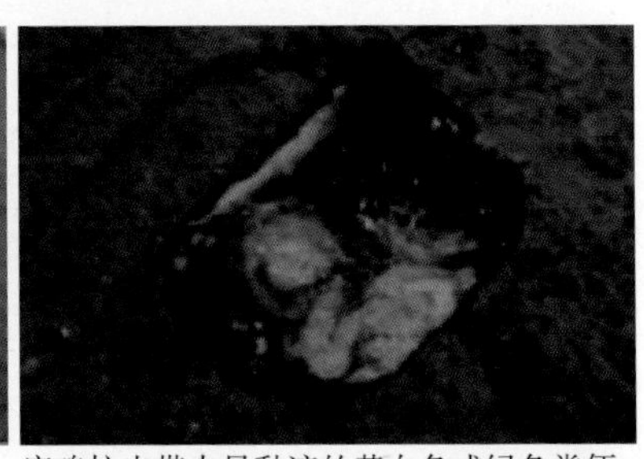
病鸡拉出带大量黏液的黄白色或绿色粪便

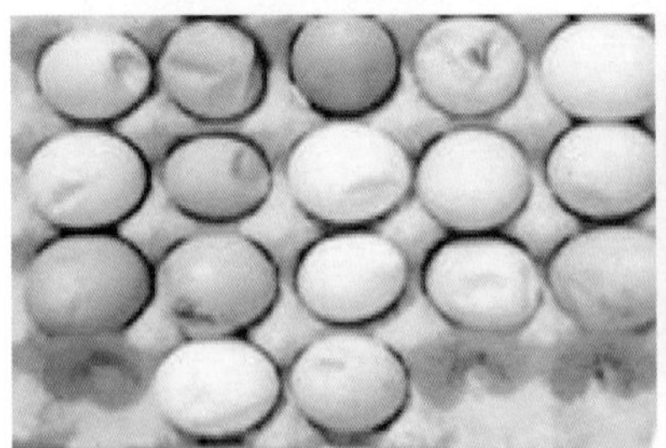
产蛋率下降，产薄皮、软皮、畸形蛋，蛋壳软、破蛋率增加

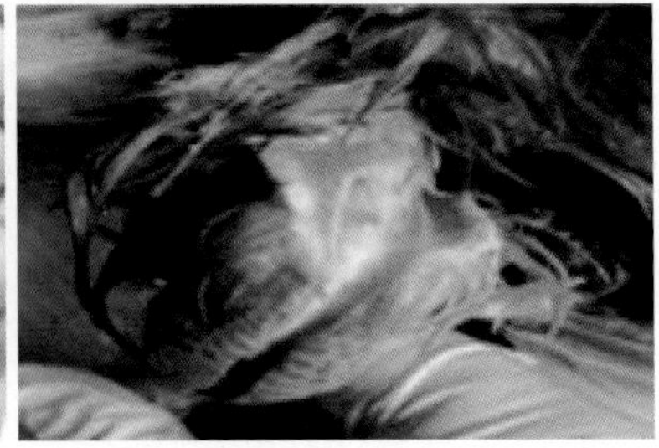
关节部出血，有淡黄色胶冻样物

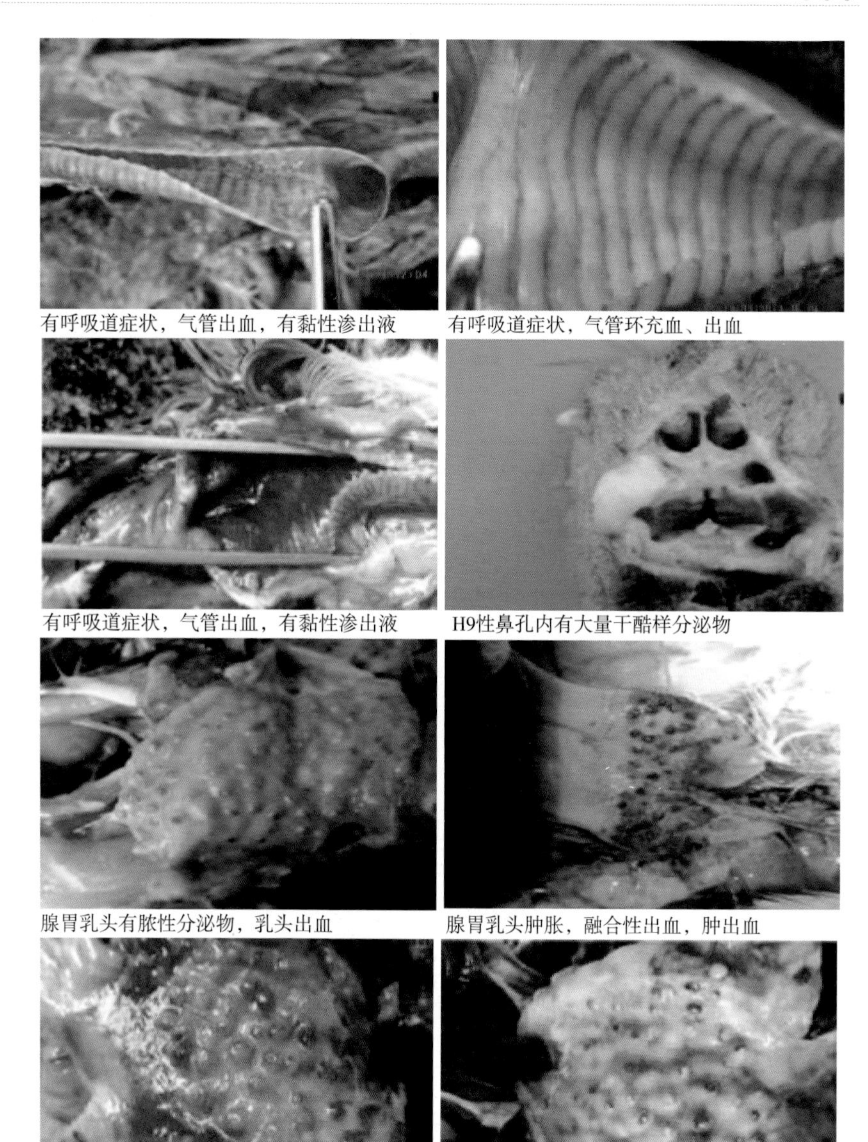

有呼吸道症状，气管出血，有黏性渗出液

有呼吸道症状，气管环充血、出血

有呼吸道症状，气管出血，有黏性渗出液

H9性鼻孔内有大量干酪样分泌物

腺胃乳头有脓性分泌物，乳头出血

腺胃乳头肿胀，融合性出血，肿出血

腺胃乳头肿胀，弥漫性出血

腺胃肿胀、出血，可挤出脓性分泌物

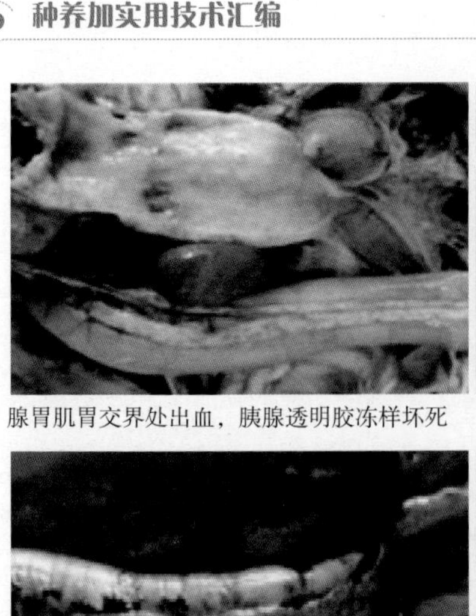
腺胃肌胃交界处出血，胰腺透明胶冻样坏死

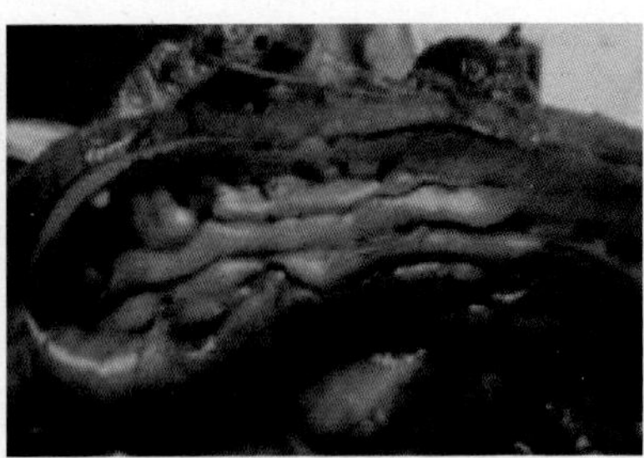
胰脏边缘出血

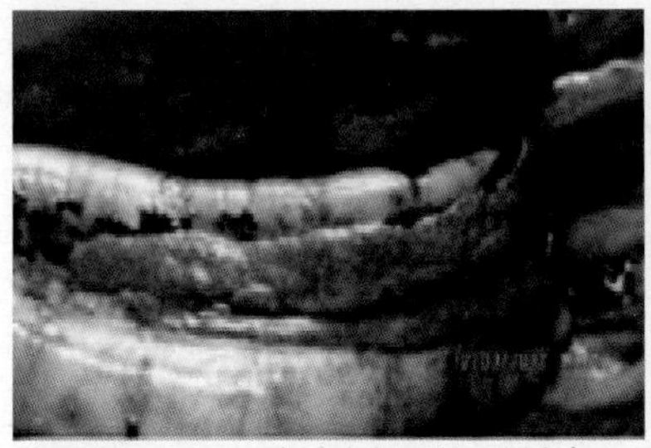
胰脏肿大、出血、灰白色坏死灶，肝有灰黄色坏死灶

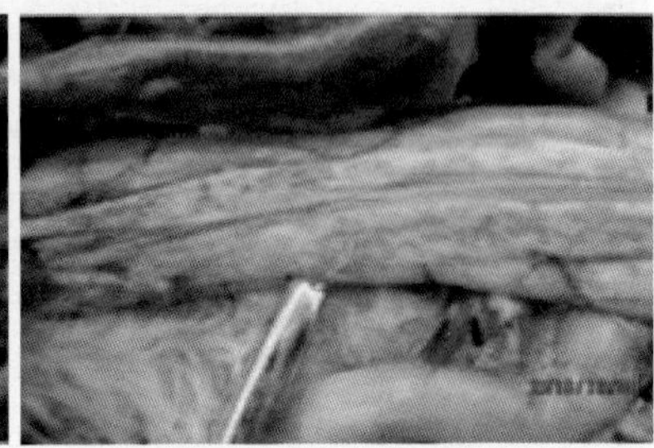
胰脏胶冻样坏死和灰白色坏死灶

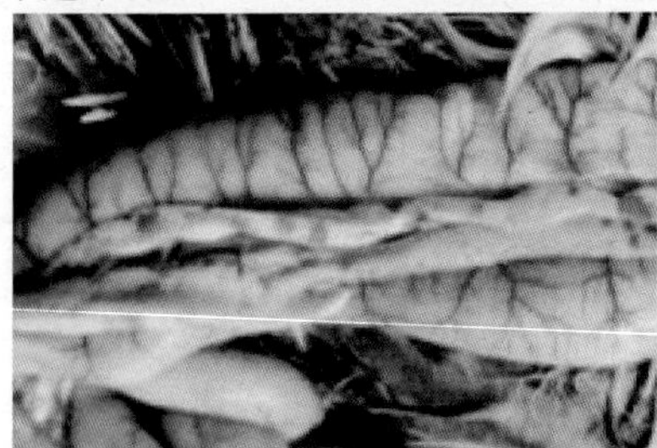
胰脏胶冻样坏死和灰白色坏死灶或出血

胰脏灰黄色或灰白色坏死灶

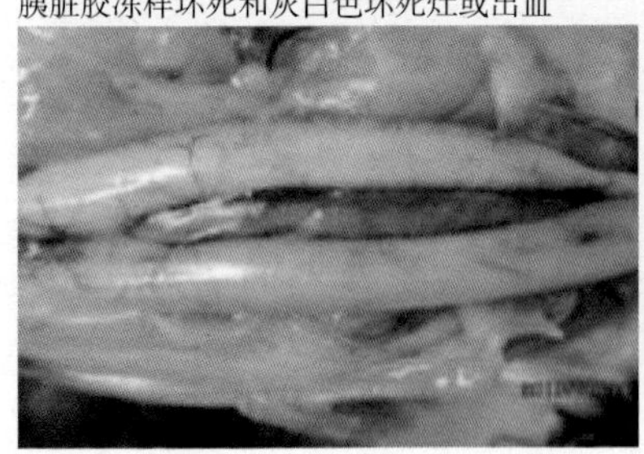
胰脏边缘出血，针尖大小的灰白色坏死灶

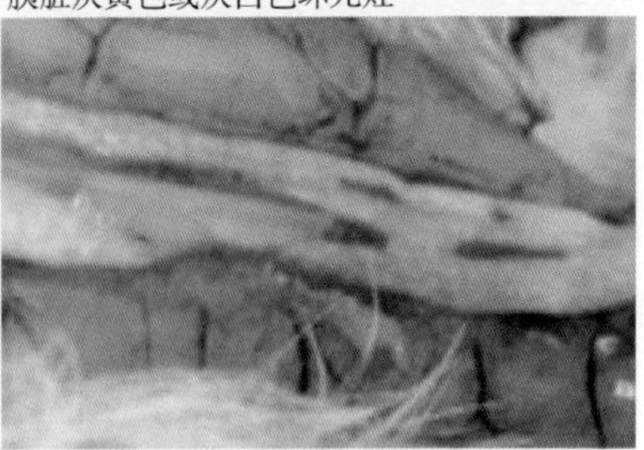
胰脏有针尖大小的灰白色坏死灶

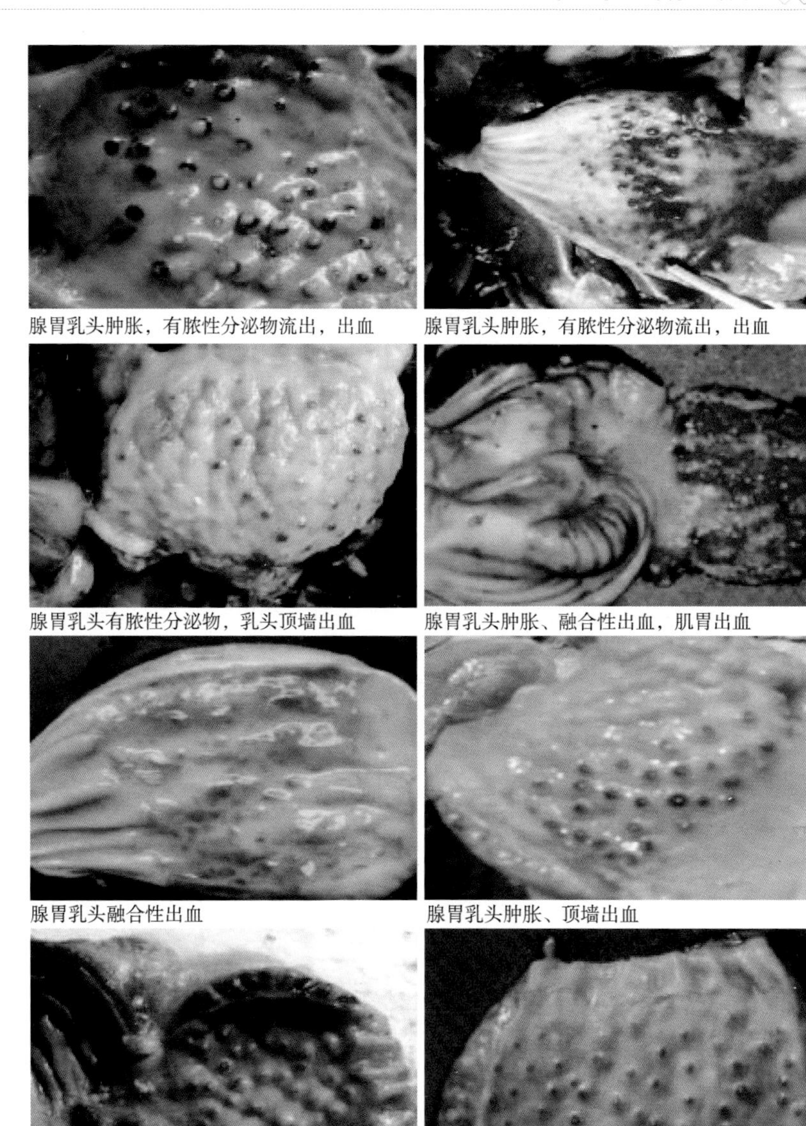

腺胃乳头肿胀，有脓性分泌物流出，出血　腺胃乳头肿胀，有脓性分泌物流出，出血

腺胃乳头有脓性分泌物，乳头顶墙出血　腺胃乳头肿胀、融合性出血，肌胃出血

腺胃乳头融合性出血　腺胃乳头肿胀、顶墙出血

腺胃乳头肿胀、出血、可挤出脓性分泌物　腺胃乳头肿胀、出血、可挤出脓性分泌物

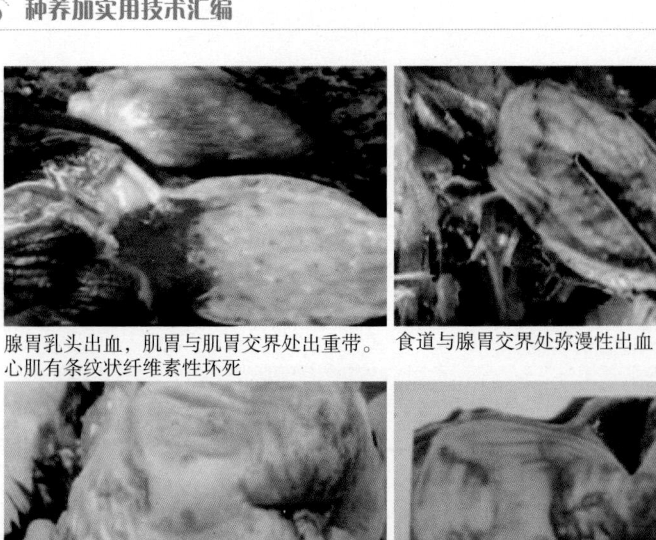

腺胃乳头出血，肌胃与肌胃交界处出重带。心肌有条纹状纤维素性坏死

食道与腺胃交界处弥漫性出血

肌胃角质层下出血、溃疡

肌胃角质层下出血、溃疡

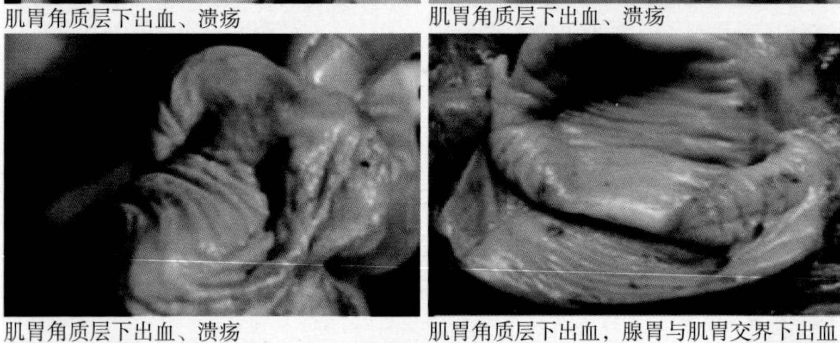

肌胃角质层下出血、溃疡

肌胃角质层下出血，腺胃与肌胃交界下出血

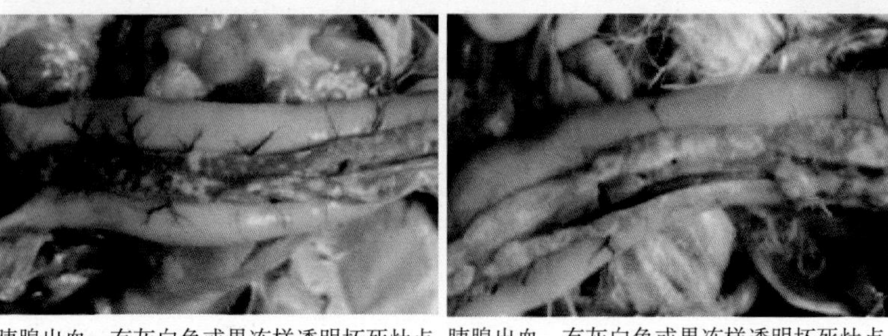

胰腺出血，有灰白色或果冻样透明坏死灶点

胰腺出血，有灰白色或果冻样透明坏死灶点

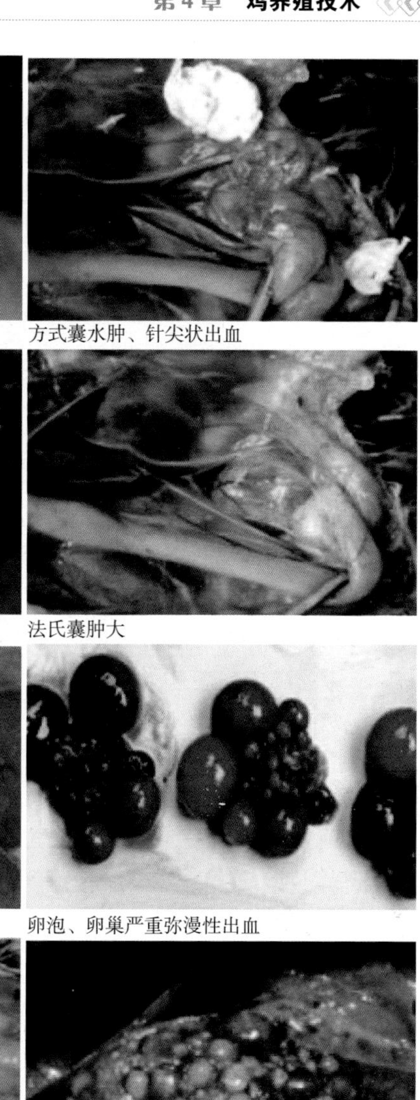

肺充血、出血、坏死

方式囊水肿、针尖状出血

法氏囊水肿、有胶冻样液

法氏囊肿大

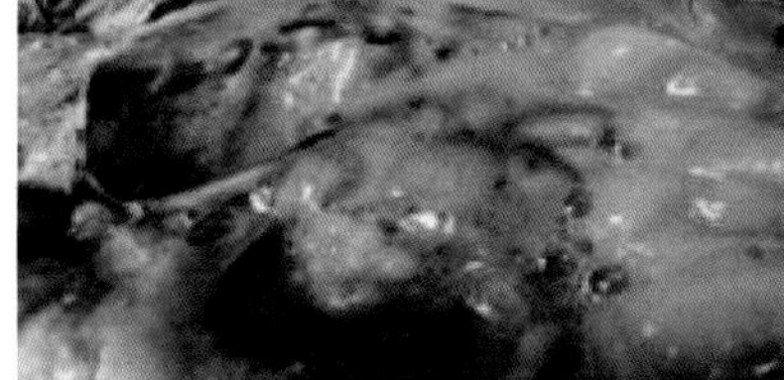

肺充血、出血，卵泡、卵巢出血，肺出血

卵泡、卵巢严重弥漫性出血

腹腔新破裂的卵黄、卵泡变形，脾脏有坏死

卵泡、卵巢出血

4.6.3 禽流感病毒传播途径

禽流感病毒传播途径如下图所示。

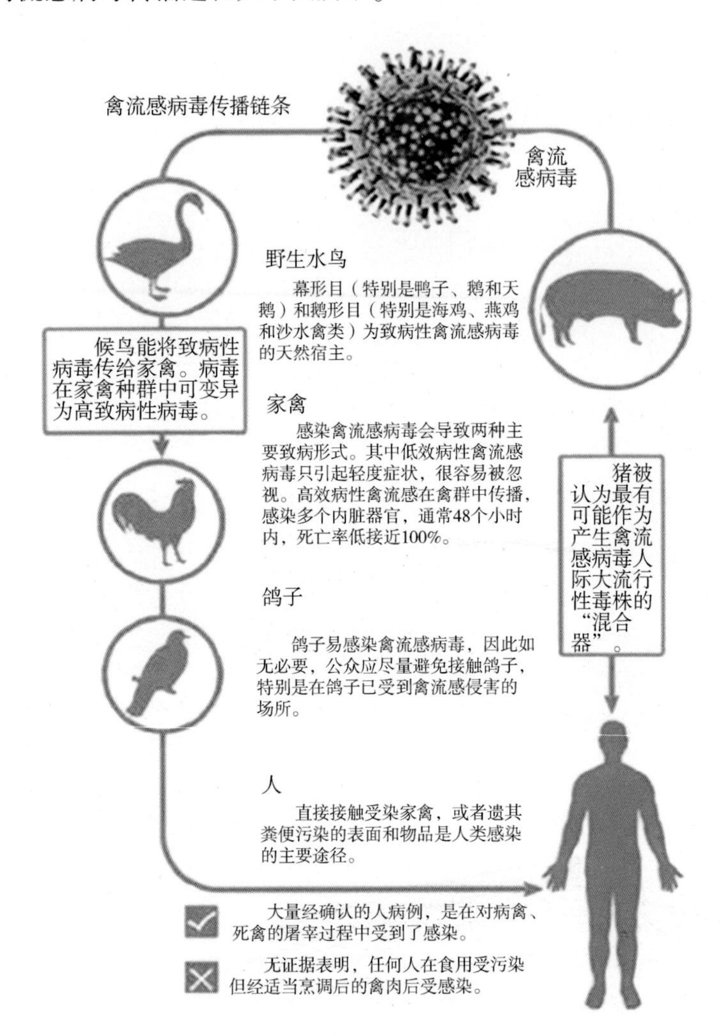

禽流感病毒传播途径示意

4.6.4 禽流感的主要治疗方法

禽流感的治疗方法主要包括以下几个方面。

①隔离治疗：将患者隔离在指定的医疗机构，避免病毒的传播和扩散。

②对症治疗：根据患者的症状，采取相应的治疗措施，如退热、止咳、化痰、平喘等。

③抗病毒治疗：使用抗病毒药物，如奥司他韦等，抑制病毒的复制和扩散。

④免疫治疗：通过注射免疫球蛋白等免疫调节剂，增强患者的免疫力，促进康复。

⑤中药调理：根据中医理论，使用中药进行调理，提高患者的抗病能力。

需要注意的是，禽流感是一种严重的传染病，治疗过程中需要密切观察病情变化，及时调整治疗方案。同时，预防禽流感的关键是加强家禽和野生鸟类的监测和防控，避免病毒的传播和扩散。

4.7 鸡新城疫

鸡新城疫是由病毒引起的一种急性败血性传染病。俗称“鸡瘟”，即所谓亚洲鸡瘟。该病一年四季均可发生，尤以寒冷和气候多变季节多发。各种日龄的鸡均能感染，20~60 日龄鸡最易感，死亡率也高。主要特征是呼吸困难，神经机能紊乱，黏膜和浆膜出血和坏死。

4.7.1 临床症状

最急性型会突然死亡，急性型则表现为食欲缺乏、呼吸困难、冠深紫色等，慢性型则主要表现为各种神经系统症状如腿、翼麻痹等临床症状。

鸡新城疫

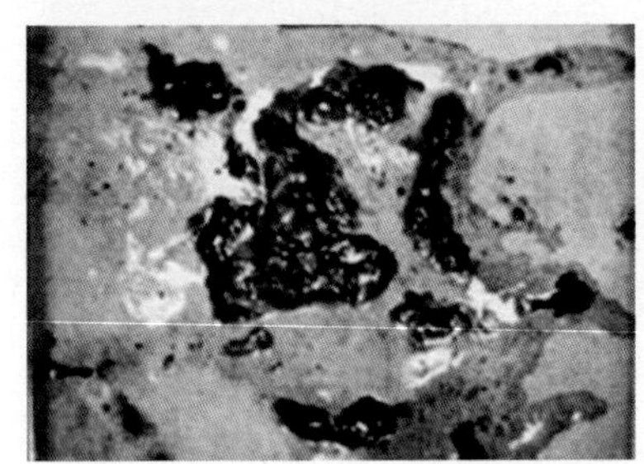 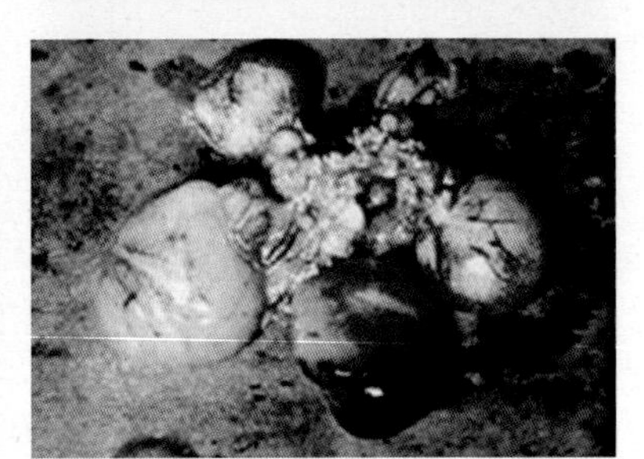

患新城疫鸡排绿色稀便

4.7.2 预防措施

①定期消毒，严格检疫。养鸡场、鸡舍、喂食器具应定期消毒。

②确保饲料和饮用水清洁。

③新鸡应分开喂养超过 1 个月，原鸡舍应分组饲养。

④接种鸡新城疫疫苗。

4.8　禽支原体病

4.8.1　临床症状

幼龄鸡感染时，会有流鼻涕、咳嗽、结膜炎、生长停滞等症状；成年鸡可能出现食量减少、体重减轻、产蛋量下降、所产的卵孵化率下降等。急性病鸡粪便含有大量尿酸或尿酸盐，呈绿色。

4.8.2　预防措施

由于禽支原体病发展缓慢，病程较长，并且可能在禽群中长期蔓延，因此需要定期对鸡群进行检查，一旦发现病鸡，应立即隔离和治疗。同时，保持鸡舍的通风良好，降低鸡群的饲养密度，以减少疾病的传播。

第5章 新疆农业新技术

新疆的种植业技术包括以下几种。

①节水灌溉技术：新疆属于干旱地区，水资源相对匮乏，因此发展节水灌溉技术是新疆农业的关键。目前，新疆已经推广了滴灌、喷灌等节水灌溉技术，不仅提高了水资源利用效率，还有效地促进了作物的生长和发育。

②精准农业技术：精准农业技术是一种现代化的农业管理方式，它根据作物生长的实际情况，对农田进行精确的管理。新疆已经引入了智能化农业装备和精准农业技术，例如无人机植保、智能化施肥等，这些技术的应用可以大大提高作物产量和品质。

③设施农业技术：设施农业技术是一种通过人工设施创造适宜作物生长的环境，实现作物优质高产的现代化农业生产方式。新疆在设施农业技术方面也取得了一定的进展，例如日光温室、塑料大棚等技术的应用，为农业生产提供了更多的可能性。

④生物技术：生物技术是一种利用生物体或其组成部分来生产有用产品或达到某种目的的技术。新疆在生物技术方面也进行了一些探索和研究，例如利用基因工程技术培育抗旱、抗病、抗虫等优良品种，提高作物的抗逆性和产量。

⑤机械化技术：随着农业现代化的推进，机械化技术在农业生产中的应用越来越广泛。新疆在农业机械化方面也取得了一定的进展，例如大型拖拉机、收割机等农业机械的广泛应用，大大提高了农业生产效率和质量。

总之，新疆的种植业技术在不断地发展和创新，为农业生产提供了更多的科技支撑和保障。

5.1　节水灌溉技术

节水灌溉技术是指采用科学的方法和设备，以最小的水量消耗达到最大的作物产量和经济效益的灌溉方式。在干旱地区，水资源有限，因此节水灌溉技术尤为重要。

目前，生产上应用的主要节水灌溉技术有沟灌、沟中覆膜灌、低压管灌、滴灌、渗灌、喷灌、微喷等。其中，喷灌可节水50%，微灌可节水60%~70%，滴灌和渗灌可节水80%以上。

此外，还有一些特殊的节水灌溉技术，如膜下滴灌节水模式和集雨蓄水灌溉模式。膜下滴灌是将地膜覆盖栽培技术与滴灌技术结合，使滴灌水均匀、定时、定量浸润作物根系发育区域，具有增加地温、防止蒸发和滴灌节水的双重优点。集雨蓄水灌溉模式则是在干旱地区利用集雨场、下水沟、过滤池、蓄水窖等设施收集雨水，再利用滴灌、膜下滴灌等高效节水技术进行灌溉。

滴灌技术是一种先进的灌溉方法，通过干管、支管和毛管上的滴头，在低压下向土壤经常缓慢地滴水；是直接向土壤供应已过滤的水分、肥料或其他化学剂等的一种灌溉系统。它没有喷水或沟渠流水，只让水慢慢滴出，并在重力和毛细管的作用下进入土壤。滴入作物根部附近的水，使作物主要根区的土壤经常保持最优含水状况。

滴灌技术的优点主要包括以下几个方面：

①节水：滴灌技术能够精确控制水量的供应，避免水资源的浪费，相比传统的灌溉方式，滴灌技术能够节水50%以上。

②省肥：滴灌技术能够将肥料直接输送到作物的根部，提高了肥料的利用率，减少了肥料的浪费。

③省工：滴灌技术能够自动化控制，减少了人工操作的烦琐程度，提高了生产效率。

④改善土壤环境：滴灌技术能够使土壤保持适宜的水分和养分，有利于土壤微生物的生长和繁殖，改善了土壤环境。

⑤提高作物产量：滴灌技术能够提供适宜的土壤环境，促进作物的生长和发育，提高了作物的产量和品质。

总之，滴灌技术是一种高效、节水、省肥、省工、改善土壤环境和提高作物产量的现代化农业技术。

5.2 精准农业技术

精准农业技术是一种以信息技术为支撑的现代化农业生产方式，根据空间变异，定位、定时、定量地实施一整套现代化农事操作与管理，是信息技术与农业生产全面结合的一种新型农业。

精准农业的基础是“3S”技术，即全球定位系统（GPS）、农田信息采集系统、农田遥感监测系统（RS）和农田地理信息系统（GIS）。通过在农业生产过程中植入“3S”技术，将田间作物生长过程中的各项状态进行实时监控，利用地理信息系统掌控农作物的生长环境变化，遥感技术监控作物的生长情况，包括害虫杂草的存在与否，作物的水肥情况等，利用卫星导航系统精准定位每个区域内的农作物进行针对性管理。

精准农业的基本组成包括全球定位系统、农田信息采集系统、农田遥感监测系统、农田地理信息系统、农业专家系统、智能化农机具系统、环境监测系统、系统集成、网络化管理系统和培训系统。

精准农业技术可以最大限度地提高农业生产力，是实现优质、高产、低耗和环保的可持续发展农业的有效途径。相对于传统农业的最大特点是：以高新技术投入和科学管理换取对自然资源的最大节约和对农业产出的最大索取，主要体现在农业生产手段之精新，农业资源投入之精省，农业生产过程运作和管理之精准，农用土壤之精培，农业产出之优质、高效、低耗。

5.3 设施农业技术

设施农业技术是一种采用人工技术手段，改变自然光温条件，创造优化动植物生长的环境因子，使之能够全天候生长的设施工程。它是一个新的生产技术体系，核心设施包括环境安全型温室、环境安全型畜禽舍、环境安全型菇房等。

设施农业技术的关键技术包括能够最大限度利用太阳能的覆盖材料，做到寒冷季节高透明高保温；夏季能够降温防苔；能够将太阳光无用光波转变为适应光合需要的光波；具有良好的防尘抗污功能等。

设施农业技术可以根据不同的种养品种需要设计成不同设施类型，同时选择适宜的品种和相应的栽培技术。从种类上分，设施农业主要包括设施园艺和设施养殖两大部分。设施园艺按技术类别一般分为连栋温室、日光温室、塑料大棚、小拱棚（遮阳棚）四类。

此外，设施农业还包括工厂化农业，如蔬菜工厂、花卉工厂、养猪工厂、养鸡工厂、养鱼工厂等。这些工厂化农业利用先进的工业技术，为农业生产提供最优化的环境条件，使农业生产像工业生产一样，实现机械化、自动化和智能化。

设施农业技术的优点是可以提高农业生产效率，改善农业生产条件，使农业生产不再受自然条件的限制，实现全天候生产。同时，设施农业技术还可以提高农产品质量和产量，满足人们对高品质、多样化农产品的需求。

总之，设施农业技术是一种现代化的农业生产方式，它将先进的工业技术和生物技术应用到农业生产中，为农业生产提供最优化的环境条件，使农业生产实现高效、优质、低耗和可持续发展。

5.3.1　设施农业技术优势

设施农业技术与传统农业相比，具有以下优势：

①高产高效：设施农业通过现代化的技术和设备，可以有效地控制植物生长的环境，提高农产品的产量和质量。相比传统农业，设施农业可以实现年产量的翻倍，同时生产周期也大大缩短，提高了农业的效率和产能。

②减少食物浪费：设施农业建在大城市周边，以低面积供养大城市食物需求，缩短物流时间，将大大降低产出后处理和储存环节带来的食物损失和浪费。

③绿色环保、低碳节能：现代农业发展不再像过去的传统农业只注重产量，而是更注重绿色发展、优质高效。设施农业是纯绿色环保产业，可以消耗二氧化碳，释放氧气，符合当前产业发展趋势。

综上所述，设施农业技术具有高产高效、减少食物浪费和绿色环保、低碳节能等优势，是现代农业发展的重要方向之一。

5.3.2 设施农业发展趋势

设施农业技术在中国的未来发展前景非常广阔。随着中国农业现代化的推进，设施农业技术将成为农业生产的重要手段之一。以下是一些可能的发展趋势。

①规模化发展：随着土地流转政策的推进，农业生产将逐渐向规模化、集约化方向发展。设施农业技术可以实现农业生产的高效化和精细化，符合规模化发展的趋势。

②智能化升级：随着人工智能、物联网等技术的发展，设施农业技术将进一步智能化。智能化设施农业可以实现农业生产的全自动控制，提高生产效率和农产品质量。

③多样化发展：设施农业技术可以根据不同的作物和生产需求，设计不同的设施类型和栽培技术。未来，设施农业将向多样化方向发展，满足不同领域和市场的需求。

④环保化发展：随着环保意识的提高，设施农业技术将更加注重环保。未来，设施农业将采用更加环保的材料和技术，减少对环境的污染。

总之，设施农业技术在中国的未来发展前景非常广阔，将为农业生产带来更多的机遇和挑战。

5.3.3 设施农业技术在我国的应用

设施农业技术在我国的应用已经取得了显著的进展。

首先，我国在设施农业技术方面已经具备了较强的技术实力。我国在设施农业技术的研究、开发和应用方面已经积累了丰富的经验，形成了一系列具有自主知识产权的核心技术和产品。

其次，设施农业技术在我国的农业生产中得到了广泛应用。目前，我国设施农业的面积不断扩大，涵盖了蔬菜、水果、花卉、食用菌等多个领域。设施农业技术的应用不仅提高了农产品的产量和质量，还为农民增加了收入，促进了农村经济的发展。

此外，我国政府也高度重视设施农业技术的发展，出台了一系列政策措施，鼓励和支持农民应用设施农业技术。这些政策措施为设施农业技术的发展提供了有力的保障。

总的来说，设施农业技术在我国的应用已经取得了显著的成效，但仍存在一些问题和挑战，如技术推广力度不够、设施设备质量不高等。未来，我们需要继续加强技术研发和创新，提高设施农业技术的水平和应用效果，推动我国农业现代化的发展。

5.3.4 设施农业技术应用实例

设施农业技术在农业生产中有许多具体的应用，以下是其中的一些例子。

①温室大棚：温室大棚是一种通过玻璃或塑料覆盖的设施，可以控制温度和湿度，适合生产高价值的蔬菜和花卉。它们通常用于冷地区或寒冷季节的种植。

②塑料大棚：塑料大棚通常用于温暖地区，以提供遮阴和保湿效果，降低温度和湿度波动。它们适合生产热带水果和蔬菜。

③网室大棚：网室大棚采用防虫网覆盖，可以保护作物免受害虫的侵害，减少化学农药的使用，降低农业生产的环境影响。

④节水灌溉技术：通过滴灌、喷灌等节水灌溉技术，可以精确控制水量的供应，避免水资源的浪费，提高水资源的利用效率。

⑤智能化农业机械：利用人工智能、物联网等技术，实现农业生产的全自动控制，提高生产效率和农产品质量。

以上只是设施农业技术在农业生产中的一些具体应用，实际上，设施农业技术的应用范围非常广泛，可以根据不同的作物和生产需求进行定制。

这些设施农业技术在中国农业生产中已经成熟并得到广泛应用。中国的设施农业面积不断扩大，已经成为全球设施农业生产大国，并且面积和产量都位于世界前列。在设施类型上，我国以投资较少、节能节本的日光温室、塑料大棚和中小拱棚为主。其中，日光温室为我国独创，可在最低温度-28℃的地区（北纬43.5°）不加温进行果菜越冬栽培，为世界农业节能减排和绿色发展提供了“中国样板”。设施农业技术在我国的应用已经取得了显著的进展。我国在设施农业技术方面已经具备了较强的技术实力，并且政府也高度重视设施农业技术的发展，出台了一系列政策措施，鼓励和支持农民应用设施农业技术。因此，可以说这些设施农业技术在中国农业生产中已经成熟并得到广泛应用。

5.4 生物技术

生物技术是一门应用生物学、化学和工程学的基本原理，利用生物体（包括微生物、动物细胞和植物细胞）或其组成部分（细胞器和酶）来生产有用物质，或为人类提供某种服务的技术。它涉及基因工程、细胞工程、蛋白质工程、酶工程以及生化工程等方面的内容。

在现代生物技术突飞猛进发展的背景下，包括基因工程、细胞工程、蛋白质工程、酶工程以及生化工程所取得的成果，利用生物转化特点生产化工产品，特别是用一般化工手段难以得到的新产品，改变现有工艺，解决长期被困扰的能源危机和环境污染两大棘手问题，越来越受到人们的关注，且有的已付诸现实。

5.4.1 生物技术发展方向

生物技术有许多好的发展方向，以下是一些主要的领域。

①基因编辑技术：基因编辑技术是近年来生物技术领域最热门的发展方向之一。它通过精确地编辑人类基因组，为遗传性疾病的治疗提供了新的希望。随着技术的不断进步，基因编辑技术在未来有望发挥更重要的作用。

②合成生物学：合成生物学是一个综合性的学科，旨在通过重新设计和构建基因组、细胞和生物体系，来解决生物系统中的各种问题。在医学、工业和环境领域，合成生物学都有广泛的应用前景。

③生物传感器和检测技术：生物传感器和检测技术是指利用生物分子、细胞或整个生物体系来检测特定的化合物或生物过程的技术。在医学诊断、食品安全和环境监测等领域，生物传感器和检测技术具有广泛的应用前景。

④蛋白质工程技术：蛋白质工程技术是通过改变蛋白质序列、结构和功能来获得新的功能蛋白质的技术。在药物研发和工业生产中，蛋白质工程技术具有广泛的应用前景。

⑤生物医药：生物医药是生物技术的重要应用领域之一，包括抗体药物、疫苗、细胞治疗等。随着人们对健康和生活质量的要求不断提高，生物医药行业有望继续保持快速增长。

总之，生物技术的发展方向非常广泛，未来随着技术的不断进步和应用领域的拓展，生物技术将会在各个领域发挥更大的作用。

5.4.2　生物技术商业前景

生物技术的各个方向都有其独特的商业价值和就业前景，无法简单地判断哪个方向比较有前景。但是，根据当前市场需求和行业发展趋势，以下几个方向可能具有较好的商业前景。

①基因编辑技术：随着基因编辑技术在医学、农业和生态保护等领域的应用越来越广泛，这个方向的市场需求和商业潜力也越来越大。

②合成生物学：合成生物学在医药、工业和环境等领域都有广泛的应用前景，尤其是在医药领域，合成生物学的发展有望为药物研发和生产带来革命性的变化。

③生物医药：生物医药是生物技术的重要应用领域之一，随着人口老龄化和健康意识的提高，生物医药行业有望继续保持快速增长。

5.5　机械化技术

机械化技术是一种将数字模型直接转化为实体模型的生产技术，通过逐层堆积材料实现。这种技术主要依赖于先进的机械和设备，以及相应的自动化和智能化技术，以提高生产效率、降低劳动强度、提高产品质量。

在农业生产中，机械化技术已经得到了广泛应用。例如，拖拉机、收割机、灌溉设备等机械的使用，大大提高了农业生产的效率和质量。同时，在工业生产中，机械化技术也发挥了重要作用，如自动化生产线、机器人等的应用，实现了生产过程的自动化和智能化。

此外，机械化技术还可以应用于工程作业中，如挖掘机、装载机等机械设备的使用，提高了工程作业的效率和安全性。

总之，机械化技术是一种重要的生产技术，可以提高生产效率、降低劳动强度、提高产品质量。随着科技的不断进步，机械化技术将会在各个领域发挥更大的作用。

机械化技术的发展历史可以追溯到古代，但真正意义上的机械化技术是在工业革命时期开始发展的。工业革命时期，蒸汽机和内燃机的发明和应用，使得机器可以代替人的手和脚等部位，实现大规模、高效的生产。这一时期，机器的结构和设计得到了极大的改进，生产效率也得到了极大的提高。

随着科技的不断进步，机械化技术也不断得到发展和改进。例如，数控机床的出现，使得机械零件的加工精度和效率得到了极大的提高；自动化生产线和机器人的应用，使得生产过程更加智能化和高效化。

目前，机械化技术已经得到了广泛应用，不仅在工业生产中发挥着重要作用，也在农业生产、工程作业等领域得到广泛应用。同时，随着科技的不断进步，机械化技术也在不断升级和改进，未来还将发挥更大的作用。

第6章　新疆农业资源及其种植技术

新疆是中国的一个省份，位于中国西北部，新疆的气候特点是干燥、多风、温差大。新疆深居内陆，远离海洋，高山环列，使得湿润的海洋气流难以进入，形成了极端干燥的大陆性气候。这种气候使得新疆的空气湿度低，云雨少，经常是晴空万里。新疆气候具有风沙较多的特点。因为地面植被相对稀疏，一起风就尘土飞扬，尤其是戈壁滩上时有风沙弥漫。新疆的日照丰富，昼夜较差大。一般是白昼气温升高快，夜里气温下降大。许多地方最大的气温日较差在20~25℃。新疆拥有丰富的农业资源。

①棉花：新疆是中国最大的棉花产区，棉花种植面积广阔，采摘季节需要大量的劳动力。

②粮食作物：新疆的粮食作物以小麦、玉米、高粱等为主，其中小麦是主要的粮食作物。

③水果：新疆的水果种类繁多，包括苹果、梨、桃子、杏子、葡萄等，其中哈密瓜和葡萄是新疆的特色水果。

④蔬菜：新疆的蔬菜种类也很多，包括番茄、黄瓜、茄子、辣椒等，其中一些品种的蔬菜因为品质优良而在全国享有盛誉。

⑤草药：新疆是中国草药的重要产区之一，一些草药品种如甘草、麻黄等在新疆的产量和质量都比较高。

总之，新疆的种植品种繁多，而且一些品种的农产品在全国享有盛誉。

6.1　新疆棉花种植技术

6.1.1　新疆棉花种植面积

新疆棉以绒长、品质好、产量高著称于世。新疆的土壤、气候条件与其他地方不同，最多可达到 18 小时以上的光照。中华人民共和国成立时，新疆棉花产量 5 100吨，仅占全国总产量（44. 4 万吨）的 1. 1%。新疆棉花生产起步晚基础薄弱，是中国人民解放军进驻新疆和成建制投入生产（新疆生产建设兵团），启动棉花生产的“新疆奇迹”进程，再经历培育良种、全疆推广、改进技术等阶段，植棉面积的迅速攀升，总产量与面积的单产量不断优化，经济效益的逐年提高，惠及了众多棉农。2020/2021 年度新疆棉产量 520 万吨，占国内产量比重约 87%，占国内消费比重约 67%。2021 年，新疆将棉花种植区域重点向植棉大县集中，全区次宜棉区、低产棉区、果棉间作棉区共退出棉花种植 30 余万亩（1 亩≈667 平方米），全区（含新疆生产建设兵团）棉花种植面积 3 718万亩。

6.1.2　栽培模式及田间管理技术

新疆棉花的种植技术包括“矮、密、早、膜”栽培模式和田间管理技术。

“矮、密、早、膜”栽培模式是新疆干旱、半干旱地区特有的栽培模式，是以矮化植株高度、增加种植密度、促进早熟、采取地膜覆盖为特征的综合植棉技术。该栽培模式具有多方面内容，不同产量目标的棉花产量结构、群体结构、发育进程、冠层结构等指标不同。

新疆棉花

田间管理技术包括苗期管理、花蕾期管理、花铃期管理和吐絮期管理。在棉花生长的不同时期，需要进行不同的管理措施，如查苗补苗、中耕培土、除草、施肥、灌溉、排水、防治病虫害等。其中，合理施肥和灌溉是保证棉花正常生长的关键，需要根据棉花生长时期和土壤情况进行调整。同时，防治病虫害也是非常重要的环节，需要定期巡查并采取相应措施。

新疆棉花种植

6.1.3 棉花品种

新疆的棉花品种主要有新陆早 84 号、新陆早 76 号、新陆早 83 号、新陆早 82 号、新陆中 88 号、新陆中 87 号、新陆中 84 号、新陆中 67 号、新陆中 69 号、新陆中 71 号、新陆中 73 号等。

6.1.4 新疆气候对棉花种植的影响

首先，新疆的气候较干燥，而棉花喜干耐旱，因此该地的气候利于棉花的生长。

其次，新疆的昼夜温差大，土地偏碱性，多为沙质土壤，透气性好，适合棉花的生长。

此外，新疆位于塔里木盆地边缘山麓地带，高山冰雪融水丰富，灌溉便利，可及时为棉花提供足够且干净的水源。

综上所述，新疆的气候条件非常适合棉花的生长。

6.1.5 棉花的饲用价值

棉花可以作为牲畜的饲料。棉花采摘完后的棉花叶、棉花枝、棉花秆因为含有毒物质棉酚，且粗纤维含量高，适口性差，收储困难，利用率低，养殖户很少将其作为饲料来开发利用，不能直接喂牛羊。但棉秆作为饲料利用，主要采取机械收割、粉碎、微贮、降解棉酚、合理配方等措施，饲喂牛羊才安全可靠。

棉花可以作为牲畜的饲料，但需要注意棉籽中含有棉酚等抗营养物质，需要采取脱毒措施后才能用作非反刍动物的饲料。

棉籽富含蛋白质、脂肪和纤维素等多种营养成分，能够为动物提供所需的能量和营养，也能提高畜禽的生产性能和健康水平。

因此，棉花可以作为牲畜的饲料之一，但需要根据具体情况进行选择和处理。

6.2 新疆玉米种植技术

6.2.1 新疆玉米种植关键步骤

①土地准备：选择土层深厚、土质疏松、肥力中等以上的地块，进行深耕细作，使土壤达到细、平、松、软的标准。

②种子选择：选择适合新疆地区种植的优质、高产、抗病性强的玉米品种。

③播种：根据当地的气候条件和土壤情况，确定适宜的播种时间和播种方式。一般采用机械播种，将种子均匀播入土壤中，覆土厚度适中，保持土壤湿润。

④施肥：根据玉米的生长需求，施用适量的基肥和追肥。基肥以有机肥为主，追肥以氮肥为主，配合磷钾肥施用。

⑤灌溉：根据玉米的生长需求和当地的气候条件，合理安排灌溉

时间和水量。在玉米生长的关键时期，如拔节期、抽穗期等，要及时灌溉。

⑥病虫害防治：定期检查玉米的生长情况，发现病虫害及时采取防治措施。一般采用生物防治和化学防治相结合的方法，减少农药的使用量。

⑦收获：根据玉米的生长情况和市场需求，确定适宜的收获时间和收获方式。一般采用机械收获，将玉米穗收获后晾晒、脱粒、加工等处理。

以上是新疆玉米种植技术的主要关键步骤，具体的操作还需根据当地的气候条件、土壤情况等因素进行调整。

新疆玉米种植

6.2.2 注意事项

①选择适合当地气候环境的优质品种，并根据土壤情况选择合适的播种时间。

②做好土地准备工作，包括除草、松土和施肥等，以提高土壤的肥力和透气性。

③控制灌溉的水量，避免过多浇水导致土壤湿润，增加种植过程中的细菌病变的可能性。

④根据玉米的生长需求和当地的气候条件，合理安排施肥和灌溉时间。

⑤定期检查玉米的生长情况，发现病虫害及时采取防治措施。

⑥根据玉米的生长情况和市场需求，确定适宜的收获时间和收获方式。

以上是新疆玉米种植需要注意的事项，具体的操作还需根据当地的气候条件、土壤情况等因素进行调整。

6.2.3 玉米常见病虫害

玉米常见的病害有玉米粗缩病、玉米叶斑病、锈病、玉米大斑病、小斑病、纹枯病、玉米弯孢霉菌叶斑病、玉米茎腐病、玉米丝黑穗病、玉米灰斑病、玉米腐穗病、玉米霜霉病等。

玉米虫害有很多种，常见的有以下几种。

①玉米蓟马：成虫在禾本科杂草根基部和枯叶内越冬，是典型的食叶种类。春季5月中下旬从禾本科植物上迁向玉米，在玉米上繁殖2代，第一代若虫于5月下旬至6月初发生在春玉米或麦类作物上，6月中旬进入成虫盛发期，6月20日为卵高峰期，6月下旬是若虫盛发期，7月上旬成虫发生在夏玉米上。

②耕葵粉蚧：若虫群集于玉米的幼苗根节或叶鞘基部外侧周围吸食汁液。受害植株细弱矮小，叶片变黄，个别的出现黄绿相间的条纹，生长发育迟缓，严重的不能结实，甚至造成植株瘦弱枯死。

③玉米黏虫：幼虫多在夜间活动取食。3龄后的幼虫有假死习性。幼虫老熟后做土室化蛹。黏虫是一种间歇性猖獗发生的大害虫，黏虫

对温湿度要求比较严格，雨水多的年份黏虫往往大发生。

④蝗虫：飞蝗食性很杂，主要取食禾本科和莎草科植物。最嗜食芦苇、稗草和红草（荻）等杂草，也喜食栽培作物中的小麦、玉米、高粱、水稻、粟、甘蔗等。

玉米顶腐病

新疆玉米三点斑叶蝉

玉米玉蜀黍

玉米青枯病

玉米黏虫

玉米红花文殊兰

玉米叶斑病

玉米轮枝镰孢穗腐病

6.2.4 玉米病虫害治理方式

玉米病虫害治理可以通过以下几种方式进行。

①农业防治：通过选用抗病品种、调整播种时间、合理施肥、灌溉等农业措施，提高玉米的抗病能力，减少病虫害的发生。

②生物防治：利用天敌调节害虫数量，进行驱虫治虫。例如，赤眼蜂是一种常见的玉米螟天敌，可以通过释放赤眼蜂来控制玉米螟的数量。

③物理防治：利用物理方法进行防治，如灯光诱杀、色板诱杀等。这些方法可以有效减少害虫的数量，减轻病虫害的危害。

④化学防治：在必要时，可以使用化学农药进行防治。但要注意使用合理的施药方法和用量，避免对环境和农产品造成污染。

以上是玉米病虫害的常见防治措施，具体的方法还需根据当地的气候条件、土壤情况等因素进行调整。

6.2.5 玉米的饲用价值

玉米在畜牧业中扮演着重要的角色，它是畜牧饲料的主要成分之一。

玉米中含有丰富的碳水化合物、蛋白质、维生素和矿物质等营养成分，这些成分对于动物的生长和发育非常重要。在畜牧业中，玉米可以直接作为原料饲料使用，也可以添加到其他饲料中，作为营养成分的一部分。

对于不同种类的动物，玉米的使用方法也有所不同。例如，对于肉牛、奶牛和绵羊等反刍动物，可以将玉米作为主要饲料和粗饲料添加到它们的日常饮食中。而对于猪、鸡和鸭等非反刍动物，通常将玉米作为能量饲料添加到它们的日常饮食中。

总的来说，玉米作为畜牧饲料的主要成分之一，对于动物的生长和发育起着至关重要的作用。

6.3 新疆小麦种植技术

6.3.1 新疆小麦种植技术

①选种：选择适合当地气候、土壤等条件的优质小麦品种。

②土壤准备：在种植前进行深耕、施肥、浇水等准备工作，以提高土壤的肥力和透气性。

③播种：根据当地的气候条件和土壤情况，确定适宜的播种时间和播种方式。

④施肥：根据小麦的生长需求和土壤情况，合理安排施肥时间和肥料种类。

⑤灌溉：根据小麦的生长需求和当地的气候条件，合理安排灌溉时间和水量。

⑥病虫害防治：定期检查小麦的生长情况，发现病虫害及时采取防治措施。

⑦收获：根据小麦的生长情况和市场需求，确定适宜的收获时间和收获方式。

以上是新疆小麦种植技术的主要方面，具体的操作还需根据当地的气候条件、土壤情况等因素进行调整。

6.3.2 小麦的饲用价值

新疆地区种植小麦的历史可以追溯到公元前2000年至公元14世纪，当时新疆地区的居民就开始种植小麦。和田地区是新疆小麦主要种植区之一，也是全国有名的小麦种植基地，其小麦种植已有很久的历史，可以追溯到唐朝。唐朝以后，和田小麦种植开始逐渐发展。在明朝，和田小麦在吐鲁番之后成为疆中和疆南最重要的粮食作物之一。新疆地域广阔，其气候多样，但整体来说，新疆属于中温带大陆性干旱气候区，温度较高，雨水较少，却有充足的光照和温差，这种天然气候条件非常适宜小麦的生长。根据不同地区的气候差异，新疆的小麦种植大致可以分为南疆和北疆两个区域。南疆气候温暖湿润，北疆气候寒冷干旱，但两个地区都适宜种植小麦。

小麦含有丰富的营养成分，包括碳水化合物、蛋白质、脂肪、纤维素、维生素和矿物质等，能够满足牲畜生长所需的营养。这些营养成分有助于增强动物的免疫力，减少动物受疾病侵害的风险，因此在动物的日常饮食中添加适量的小麦饲料，有助于维护动物的健康状态。小麦中磷含量也比玉米高，且小麦中含有植酸酶，能将植酸磷分解为无机磷，供动物吸收利用。

新疆小麦种植

小麦还是一种多功能的饲料原料，可以单独使用，也可以与其他饲料原料混合使用，根据不同牲畜的生长需求和饲养环境，可以灵活

调整饲料配方，以达到最佳的饲养效果。在饲养实践中，为了满足不同牲畜的营养需求，人们通常会根据不同饲料原料的特性和营养成分，将它们进行合理的搭配使用。例如，在猪的饲料中，人们通常会将小麦、玉米、豆粕、麦麸等原料按照一定比例混合使用，以提供猪所需的全面营养。总的来说，小麦作为一种重要的饲料原料，在牲畜饲养中扮演着重要的角色。

已有相应的酶制剂产品被用来降低甚至消除小麦中的抗营养因子。因此，越来越多的企业开始用小麦作畜食的能量饲料。

6.4　新疆苜蓿种植技术

新疆气候干旱，但北部和西北部为温带大陆性气候，南部则属于高山季风气候。这些气候条件使得新疆适合种植多种适应性强的牧草品种，如苜蓿、三毛草等。

6.4.1　苜蓿的营养价值

苜蓿的营养价值很高，具体来说具有以下特点。

①每100克苜蓿鲜品含蛋白质5.9克、碳水化合物9.7克、胡萝卜素3.28毫克、维生素C 92毫克、B族维生素20.36毫克、钙332毫克、磷115毫克、铁8毫克。

②苜蓿含有丰富的苜蓿多糖、大豆黄酮，以及多种未知促生长因子等，被广泛应用到畜禽生产中，被公认为是优质的纤维饲料。

③苜蓿含有最丰富的维生素K，成分之高，驾于一切蔬菜之上，其他如维生素C、B族维生素含量也相当丰富。

苜蓿虽然具有很高的营养价值，但也有可能引发一些不适。

①胃肠道不适：苜蓿在长时间摄入之后，可能会出现胃肠道不适的症状，增加胃肠道负担，出现腹泻或者是腹部疼痛、恶心呕吐、食欲降低等症状。

②过敏：一部分人群可能会对于苜蓿当中的成分过敏，导致身体有过敏的不良症状，比如说皮肤上有发红、肿胀以及瘙痒、起红点的症状。

③影响钙剂吸收：大量摄入之后会影响身体对于钙及吸收，有大量草酸钙在身体当中堆积，不能够及时排出体外，很容易引起结石的发生。

6.4.2 苜蓿的饲用价值

苜蓿是一种优质的天然牧草，可以作为牲畜饲料的重要组成部分。

苜蓿含有丰富的营养成分，包括蛋白质、矿物质、维生素等，这些成分对于牲畜的生长和健康都有很好的促进作用。因此，苜蓿常常被添加到牲畜的饲料中，以提高饲料的营养价值和适口性。

此外，苜蓿还可以改善牲畜的消化系统功能，促进肠道健康，提高饲料的转化率和生产效益。同时，苜蓿的种植和管理相对简单，成本较低，因此也是一种较为经济的牲畜饲料来源。

总之，苜蓿和牲畜饲料之间存在着密切的关系，苜蓿作为一种优质的天然牧草，可以作为牲畜饲料的重要组成部分，促进牲畜的生长和健康。

6.4.3 苜蓿的种植方法

苜蓿的种植方法如下。

①准备种子：选择健康的种子，用 55℃左右的温水浸种 5 分钟，去除浮在水面上的瘪种、坏种。

②整理土地：深耕、细耙土地，将碎石、杂草去掉，然后施入腐熟的肥料，做出高畦，整平畦面。

③播种时间：苜蓿以春播和秋播为主，具体的播种时间要根据当地的气候来决定。温暖的华北地区、江淮流域适合秋季播种，气候相对寒冷的地区，比如东北地区、西北地区等更适合春播。

④播种方法：苜蓿草的播种方法有条播、撒播、点播，通常以条播为主。将苜蓿种子均匀撒在土壤中，注意好密度，播种深度 2 厘米左右，不能播种太深太密。

⑤后期管理：播种后一定要注意好管理。苜蓿苗期易受杂草危害，应注意防除杂草，避免杂草争夺养分。苜蓿播种后应每天早晚各

浇水一次，出现2片真叶时追肥，做好病虫害的防治。

6.4.4 苜蓿的病虫害

苜蓿的病虫害主要有以下几种。

①苜蓿褐斑病：又称普通叶斑病，是苜蓿常见的一种病害，在各地均可发生。其病原菌是假盘菌属苜蓿假盘菌，病斑发生在叶片上呈褐色，近圆形，直径0.5~2毫米，边缘不整齐，发病时叶片变黄，严重时大量脱落，造成苜蓿产量下降，可利用年限减少。

②苜蓿霜霉病：全国各地均有分布。苜蓿被害后叶色变浅，并出现分散的圆形斑块，之后变焦枯，似被火烧。病株根茎部肥肿，茎上皮层变为红色。病株易拔起，根毛很少。

③苜蓿白粉病：是由白粉菌属鞑靼内丝白粉菌引起，在干燥的灌溉区发病严重。当植株的叶片、叶柄、茎或荚果受到侵染时，会出现白色粉霉斑。

此外，还有苜蓿夜蛾、黏虫、草地螟、蝗虫等害虫会对苜蓿造成危害。对于病虫害的防治，除了定期进行田间管理、清除杂草和病株外，还可以使用生物防治、化学防治等方法。

6.4.5 苜蓿保存方法

苜蓿可以通过以下几种方法进行保存。

①自然干燥：将收割回来的苜蓿放置在干燥通风的地方，进行自然干燥。这种方法简单易行，但需要注意天气情况，避免遇到阴雨天气导致霉变。

②阴干法：将苜蓿放置在阴凉通风的地方，避免阳光直射，以免损失营养成分。这种方法适合在天气不太炎热、空气湿度适中的情况下使用。

③烘干法：使用烘干机对苜蓿进行烘干处理。这种方法可以快速有效地将苜蓿干燥，但需要投入一定的设备和成本。

④冷藏法：将新鲜的苜蓿放入冰箱冷藏室中保存，可以延长其保鲜期。但需要注意的是，冷藏时间过长可能会导致苜蓿水分流失、口感变差。

⑤冷冻法：将清洗干净的苜蓿放入开水中焯烫一下，然后捞出沥干水分，放入冰箱冷冻室中保存。这种方法可以长时间保存苜蓿，但焯烫过程中会损失一部分营养成分。

新疆苜蓿种植